DE パンダ
(デ)

つくり方
4人が背の低い順に並び、手と指でパンダの影絵をつくる。

1人目 両手で丸をつくるようにして、親指をクロスさせる(鼻)。

2人目 1人目のすぐうしろにつく。両手の指どうしをあわせ、口の形をつくる(口)。

3人目 2人目のすぐうしろにつく。片手ずつで丸をつくり、ひとさし指を曲げて黒目にする(目)。

4人目 3人目のすぐうしろにつく。両手の親指どうしをつけ、ほかの指は第2関節で曲げる。うでを大きくのばす(輪郭と耳)。

形をととのえて、完成!

(影絵の専門劇団・劇団かかし座の手影絵パフォーマンスより)

\教科で学ぶ/
パンダ学

歴史 地理 政治 経済 生物 自然 環境 雑学

上野動物園元園長 小宮輝之/監修　子どもジャーナリスト 稲葉茂勝/著

はじめに

1972年11月5日、上野動物園は前代未聞の大さわぎでした。それに先立つ9月29日に、戦後、途絶えていた日本と中国との国交が、ようやく回復（日中国交正常化＊）。それを記念して、中国からおくられてきた2頭のパンダがはじめて一般に公開されました。この1日だけで、約5万6000人の老若男女がパンダを見ようと、上野動物園に殺到。しかし、なんとか見ることができたのは、そのうち約1万7880人。それも何時間も行列に並んで前の人の背中と頭だけを見つづけたあとのことでした。それでも、パンダ舎に入れた人たちは、ガラスごしに、ちらっと見えただけでも、大満足！ 瞬間目に飛びこんだパンダの愛くるしさに魅了されたといいます。この日から、日本じゅうで「パンダブーム」がおこりました。2頭のパンダは、タイヤ遊びの大好きな2歳のオスのカンカン（康康）と丸顔のかわいい4歳のメスのランラン（蘭蘭）でした。パンダの人気は、うなぎのぼりでした。

＊日中国交正常化とは、1972年9月29日に、日中共同声明により日本と中国が国交を結んだことをさす。これにより、「正式な国交がない状態」は解消された。

パンダブームの先がけとなったカンカン（左）とランラン（右）。

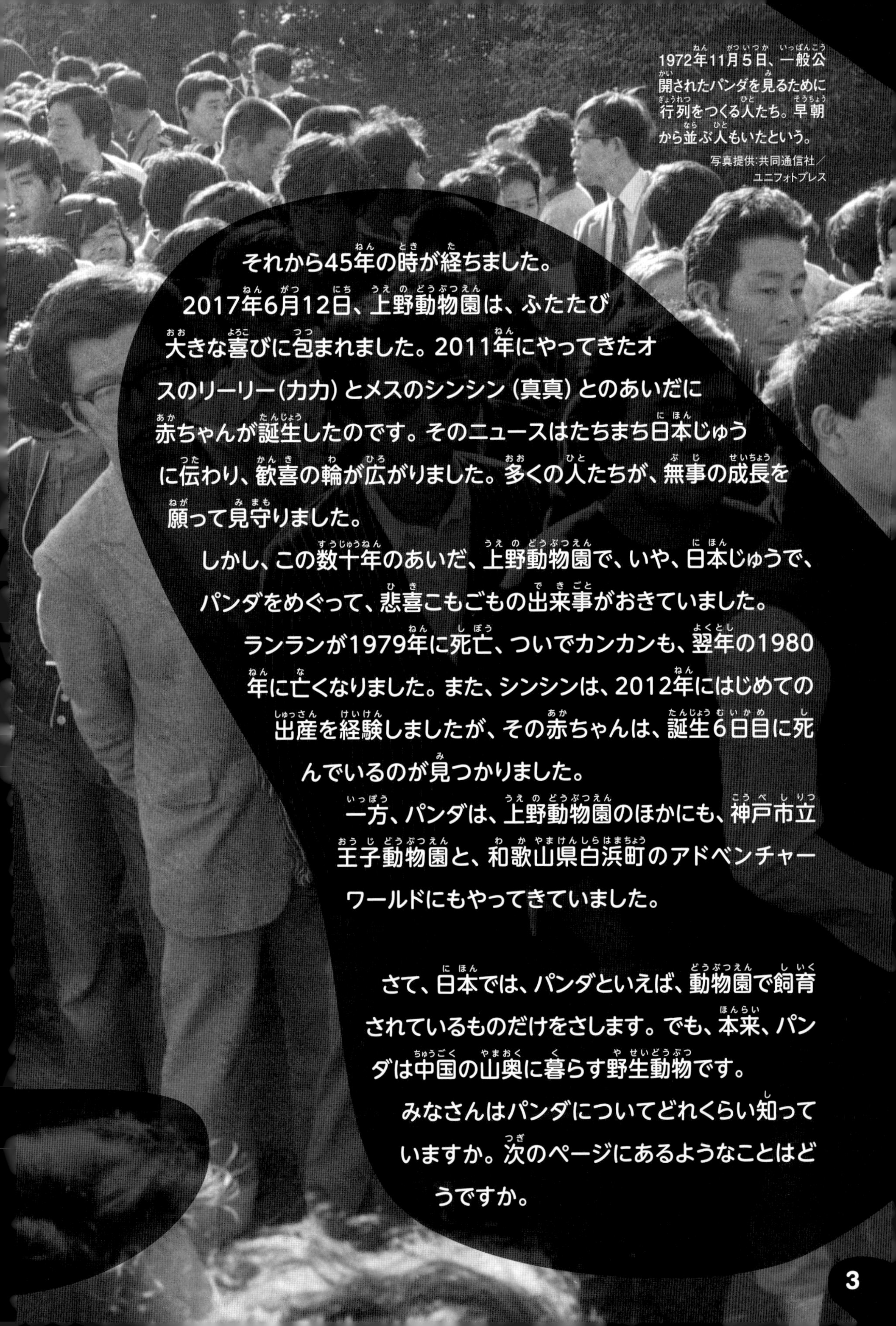

1972年11月5日、一般公開されたパンダを見るために行列をつくる人たち。早朝から並ぶ人もいたという。

写真提供：共同通信社／ユニフォトプレス

　それから45年の時が経ちました。

　2017年6月12日、上野動物園は、ふたたび大きな喜びに包まれました。2011年にやってきたオスのリーリー（力力）とメスのシンシン（真真）とのあいだに赤ちゃんが誕生したのです。そのニュースはたちまち日本じゅうに伝わり、歓喜の輪が広がりました。多くの人たちが、無事の成長を願って見守りました。

　しかし、この数十年のあいだ、上野動物園で、いや、日本じゅうで、パンダをめぐって、悲喜こもごもの出来事がおきていました。

　ランランが1979年に死亡、ついでカンカンも、翌年の1980年に亡くなりました。また、シンシンは、2012年にはじめての出産を経験しましたが、その赤ちゃんは、誕生6日目に死んでいるのが見つかりました。

　一方、パンダは、上野動物園のほかにも、神戸市立王子動物園と、和歌山県白浜町のアドベンチャーワールドにもやってきていました。

　さて、日本では、パンダといえば、動物園で飼育されているものだけをさします。でも、本来、パンダは中国の山奥に暮らす野生動物です。

　みなさんはパンダについてどれくらい知っていますか。次のページにあるようなことはどうですか。

3

①パンダの中国語名は？／②生まれたときの赤ちゃんの体重はどれくらい？／③おとなになったときの体重はどれくらい？／④手の指は何本？／⑤性格はおとなしい、それとも、獰猛？／⑥野生のパンダは冬眠するの？／⑦一日どれくらい食べるのかな？／⑧動物園のパンダのえさ代は一日どれくらいかかるのかな？／⑨野生の寿命は何歳くらい？

きっとみなさんはパンダが大好きなのでしょうから、すべて知っていますよね‥‥‥？

でも、下の問はどうでしょうか。これは、パンダのふるさと中国の「なぞなぞ」です。

⑩パンダの夢はふたつある。さて、ふたつの夢とは？マンガを見て答えてごらん。

ゆっくりねむること、カラー写真にうつること。

この本は、パンダについていろいろな視点で見ていくもの。左のクイズにあるようにパンダを「生物」として見ていきます。でも、それだけではありません。「歴史」「地理」「政治」「経済」「自然」「環境」といった教科、そして、パンダに関する「雑学」まで、さまざまな「学び」ができるように構成してあります。

ですから、この本をよく読んでくださるみなさんは、ちょっとした「パンダ博士」です。それでは、いっしょにパンダのことをふかく知る旅に出かけましょう！

子どもジャーナリスト
Journalist for children　稲葉茂勝

もくじ

PART 1
パンダの歴史と地理

歴史 パンダって、なンだ！ ……… 6
歴史 ケスクセ？ パンダ ……… 8
地理 パンダはどこにいるンだ？ … 9
歴史 パンダはあぶないンだ！ … 10
歴史 上野動物園のパンダは
　　　どんなダ ……… 12
歴史 ランランの次は、
　　　どうなンだ？ ……… 14
歴史 パンダが神戸に
　　　きたンだ！ ……… 15
歴史 タンタンと復興なンだ … 16
地理 和歌山にもきたンだ！ … 17
地理 14頭のお父さんパンダ？ … 18
●飼育員の阿部展子さん ……… 19
歴史 上野動物園の大さわぎは
　　　なんなンだ ……… 20
●2000〜2016年のあいだに
　15頭が誕生 ……… 21
●日本のパンダ年表 ……… 22
●パンダ・ダジャレとなぞなぞ … 23

PART 2
パンダと政治・経済

政治 パンダ外交 ……… 24
経済 パンダのレンタルとは？ … 26

経済 上野動物園の経済効果 … 28
政治 パンダと「一帯一路」 … 30

PART 3
パンダを取りまく自然・環境

自然 三国志の時代の
　　　都・成都では？ ……… 32
自然 パンダの保護活動 ……… 34
●パンダとＷＷＦ ……… 35
環境 「レッドリスト」とは？ … 36
環境 アドベンチャーワールドの
　　　飼育環境 ……… 38

PART 4
生物としてのパンダ

生物 パンダの食べ物 ……… 40
生物 パンダの成長 ……… 42
生物 パンダの糞 ……… 44
生物 パンダの気性 ……… 46
生物 パンダのからだ ……… 47

PART 5
雑学パンダ！

雑学 なんでも情報 ……… 50
雑学 パンダの里親制度と
　　　パンダの名前 ……… 52

さくいん ……… 54
後記 ……… 56

※この本では、中国の地名や中国語の単語のルビは、日本語読みのほうがなじみのある場合には、日本で一般的に使用されている読み方を表記している。それ以外の場合には中国語読みを表記している。

PART1 パンダの歴史と地理

🐼 パンダって、なンダ！
歴史

パンダ（panda）という名は、ジャイアントパンダとレッサーパンダをまとめていうよび名です。その2種類のうち、この本では、ジャイアントパンダを「パンダ」と記して見ていきます。

パンダは人類の先輩！

ジャイアントパンダの先祖は、人類よりも300万年以上も前に地球に現れました。更新世（約258万年～1万年前、そのほとんどは氷河期）の終わりごろの気候変動によってほとんどが絶滅した大型哺乳動物の生き残りであると考えられています。

1835年、レッサーパンダ（lesser panda、「小さい方のパンダ」の意味）が発見されました。当初、レッサーパンダとジャイアントパンダの両方が「パンダ」とよばれたのは、それらが類縁関係にあると考えられていたからです。その後、さまざまな研究が進んだ結果、生物学的な類縁関係は否定されました。

「熊猫」とは？

中国語では、ジャイアントパンダを「大熊猫」とよび、レッサーパンダを「小熊猫」とよんでいます。まったく異なる種の動物であることがわかっていながら、「大」・「小」だけをつかって、2種類をよびわけているのは、中国でも、日本と同じで、かつて生物学的な類縁関係があると考えられていたことによります。また、ジャイアントパンダは猫にまったく似ていないけれど、レッサーパンダが比較的猫に似ていることから、「猫」という文字がつかわれているといわれています。

生物学的分類

現在、ジャイアントパンダ（以降は「パンダ」とだけ記す）は、中国のごく限られた地域（四川省北部岷山山地・陝西省南部の秦嶺山脈など）だけに生息する大型哺乳動物（雑食*）であることがわかっています。クマ科によく似ていますが、アライグマ科に近い特徴があります。このため、パンダを生物学的にどこに分類するかについても、長年論争がくりひろげられました。古生物学、形態学、DNAの分析などの結果から、クマの仲間から早期に分化した種であることがわかり、結局、クマ科に分類されることになりました。

*竹を好むが、小動物なども食べるため、基本的には雑食動物とされる。

パンダの生物学的分類

門	脊索動物門
綱	哺乳綱
目	食肉目
科	クマ科
属	ジャイアントパンダ属
種	ジャイアントパンダ

プラス1　リンネの分類の階層

[門][綱][目][科][属][種]という分類の方法は、「分類学の父」とよばれるスウェーデンの博物学者、生物学者、植物学者であるカール・フォン・リンネ（1707～1778年）によってつくられたもの。リンネは『自然の体系』という著書のなかで、似た[種]を集めて[属]をつくり、さらに[科]、[目]、[綱]に集めるというように、分類群をその範囲がしだいに広がっていくような系列に配列して、分類の体系をまとめた。これを「リンネの分類の階層」という。なお、ヒトという生物を生物学的分類の階級にしたがって表現すると、

- 脊索動物[門]
- 哺乳[綱]
- サル[目]
- ヒト[科]
- ヒト[属]
- ヒト[種]

である。

リンネの肖像画

レッサーパンダ。体長は約60cm、全体が栗色で顔は白い。

歴史 ケスクセ？ パンダ

フランス人宣教師のアルマン・ダヴィドは1869年3月11日、中国の奥地で地元の猟師がもっていた白黒模様の毛皮を見て、「ケスクセ (Qu'est-ce que c'est)＊？」(これはなンダ？) とさけんで、非常に興味をもったといわれています。
＊フランス語で「これはなんですか？」の意味。

パンダをはじめて目にした西洋人はフランス人？

パンダを知ったはじめての西洋人は、アルマン・ダヴィドというフランス人宣教師だと伝えられています。1869年の3月11日のこと。彼は、地元の人がもっていた毛皮を発見。彼がパンダを発見したともいわれていますが、そうではありません。それでも彼が博物学に長けていたことから、見たこともないその毛皮に非常に強く関心をもち、パリ国立自然史博物館へ、毛皮と骨などを送って調べてもらいました。これがきっかけとなり、パンダの存在が、広く知られるようになったのです。

その後、探検家のウィリアム・ハークネス夫妻により生きているパンダをアメリカに連れていく試みがつづき、結果、妻が1936年に発見した赤ちゃんパンダを連れかえったといわれています。実際、その剥製がアメリカのフィールド自然史博物館に保管されています。

苦難の時代へ

パンダの存在が広く知れわたると、そのめずらしい毛皮は大人気となり、毛皮目的の狩猟が急増しはじめました。

パンダは、動作も速くなく、猟師から逃げることも反撃することもできなかったので、数がどんどん減ってしまいました。

もともと野生のパンダは数が多くなかったので、まもなくパンダ絶滅の危機がやってきます。

1936年から1946年までのあいだには、合計14頭が中国から外国人によってもちだされたという記録があります。

ウィリアム夫人とパンダ。

フィールド自然史博物館に展示されているパンダの剥製。

🐼 パンダはどこにいるンダ？

パンダが生息しているのは、標高1300mから4000m、チベット高原の東端に接する中国南部から北部にかけての山岳地帯です。なかでも、3000m級の山やまがそびえる秦嶺山脈は、パンダの生息地として知られています。

秦嶺山脈の山やま。

秦嶺山脈の自然

秦嶺山脈は、中国、陝西省の南部を東西に走る山脈です。長さは約800km、平均高度は2000mほど（最高峰は太白山3767m）。この山脈により中国は華北と華中に区分されます。

ここでは、北のほうからの乾いた寒風がさえぎられ、南部は、おだやかな丘の広がる温暖多雨の地域となっています。そして、変化に富んだ自然の恩恵を受けて、貴重な動植物が数多く分布しています。パンダもその一種です。また、植物の種類も豊富で、パンダの主な食料である竹もよく育っていて、しかも栄養価が高く、多種類が自生しています。パンダがこうした自然の竹を好むことが、これまでの研究からも明らかにされています。

秦嶺山脈で暮らすパンダ。

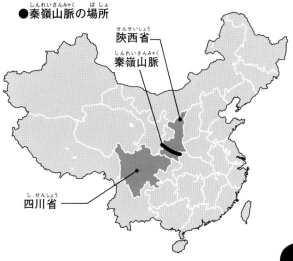

●秦嶺山脈の場所

陝西省
秦嶺山脈
四川省

9

四川省中部にある「雅安パンダ保護研究センター」のパンダと職員。この施設では、野生に近い環境で、パンダの繁殖や保護、研究調査などをおこなっている。

歴史 パンダはあぶないンダ！

パンダの生息地で開発が進み、パンダは山の奥へ奥へと……。
それでも、パンダの密猟はあとをたちません。
その結果、野生のパンダの数は、ますます減ってしまいました。

絶滅の危機から保護へ

　1940年ごろになると、パンダについての調査活動がはじまります。調査が進むなか、野生のパンダの激減が、中国でも大きな問題になりました。しかし、当時の中国は内戦、第二次世界大戦の時代、パンダどころではなかったのかもしれません。パンダ絶滅の危機はつづきます。

　1945年、第二次世界大戦が終了。1949年には、中華人民共和国が成立します。

　こうして中国の社会もしだいに安定してくるなか、1955年に北京動物園ではじめて、パンダの飼育・展示がおこなわれました。パンダの研究と、数を増やして保護する活動もしだいに本格化。密猟は厳しく取りしまられるようになりました。

　1963年、ようやくパンダの保護区がつくられました*1。しかし、しだいに山岳部の開発が進み、竹林は伐採され、農地開発がおこなわれました。その結果、パンダの生息地がどんどん破壊されていったのです。

＊1　中国のパンダ保護区は、現在40か所以上。最大のものは、四川省北部のアバ・チベット族チャン族自治州にある臥龍自然保護区である。

ワシントン条約

1978年、北京動物園で、はじめてパンダの人工授精に成功します。また、1984年にはパンダは「絶滅のおそれのある野生動植物の種の国際取引に関する条約（CITES：ワシントン条約）」により、商業目的による取引が禁止されます。密猟や毛皮の密輸によりつかまった場合、裁判で死刑や終身刑に処せられるという厳しい法律もつくられ（現在は死刑はなくなった）、パンダの保護はいよいよ本格化していきます。

それでも、パンダがジャコウジカ*2の密猟につかう罠にひっかかってしまうことが多く、パンダの絶滅の危機はつづきます。

*2 シカに似た動物で、腹部のジャコウ腺から得られる分泌物を乾燥したものが、ムスク（musk）とよばれ、香料・生薬として価値がある。

パンダのすむ伐採された山林地帯
（四川省、1997年）。

中国の経済発展と環境破壊

中国では、社会が不安定だったことからパンダの保護もままなりませんでしたが、その後の経済発展がかえってパンダの危機を増幅させてしまいました。なぜなら、パンダの生息地の環境破壊が拡大されていったからです。

こうして野生のパンダを取りまく環境は、どんどん厳しいものとなっていきます。

●パンダの生息範囲の変遷

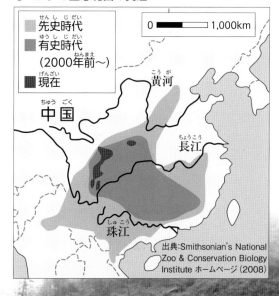

出典：Smithsonian's National Zoo & Conservation Biology Institute ホームページ（2008）

写真提供：共同通信社／ユニフォトプレス

上野動物園のパンダはどンなダ

上野動物園ではカンカンとランランが来日[*1]して2年目の1974年には、来園者が764万7440人（過去最多）!! ところが、2008年4月30日にリンリン（陵陵、1992年来日）が亡くなると、上野動物園自体の来園者も減少しました。

[*1] 1972年の日中国交正常化を記念して中国からおくられた。それについては、パート2の「パンダ外交」でくわしく記す（→ p24）。

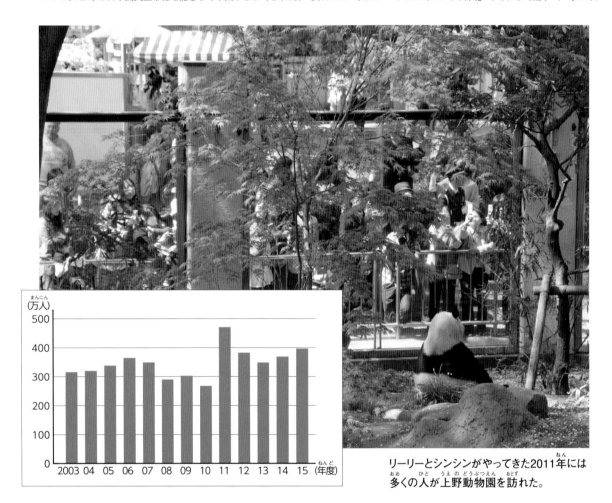

リーリーとシンシンがやってきた2011年には多くの人が上野動物園を訪れた。

来園者の増減

上は上野動物園の年間来園者数を示すグラフです。はじめての来日以来、パンダ人気は、色あせることがありませんでした。

ところが、2008年にリンリンが死亡。パンダ舎からパンダの姿が消えてしまっていた約3年間は、それ以前と比べ、来園者が一気に落ちこんだことがわかります（2008年度は約290万人にまで急減）。しかも、2011年にリーリーとシンシンがやってきたとたんに、来園者が470万7261人と、前年度から一気に200万人以上も増えたのですから、日本人のパンダ好きは、おどろくべきことだといえるでしょう。

黒柳徹子さんのふかいパンダ愛

タレントの黒柳徹子さんはパンダ好きで知られています。「日本パンダ保護協会*2」の名誉会長もつとめてきました。

黒柳さんがパンダを知ったきっかけは、カメラマンだった伯父さんがアメリカ土産にパンダのぬいぐるみを買ってきてくれたことだといいます。ちょうど中国からアメリカにパンダが渡り(→P24)、アメリカでブームになったころで、そのころ日本では、パンダはほとんど知られていなかったので、黒柳さんは、そのぬいぐるみはなにかのキャラクターだと思ったといいます。

その後、外国の雑誌で紹介されたパンダを見た黒柳さんは「どうしても自分の目で見たい！」と、1967年、パンダに会いにイギリス・ロンドンの動物園に行きました。願いがかなった夢のようなご対面では、あまりの愛くるしさに大興奮！　こうした黒柳さんのパンダ好きは、並大抵ではありません。

1972年、カンカンとランランが日本にやってきたときには、ドラマのリハーサルをぬけだして見にいったというエピソードも。でも、そのときは、黒柳さんでさえ、ものすごい混雑でパンダは見られませんでした。

じつは、黒柳さんのような「超パンダ好き」という人は、日本じゅうにいくらでもいるようです。

*2 日本パンダ保護協会（ＰＰＩＪ＝Panda Protection Institute of Japan）は、在日中国人が提唱し、臥龍中国パンダ保護研究センターや駐日中国大使館などの支援のもとに設立された非政府・非営利の民間ボランティア団体。

1984年、パンダ保護のための募金をよびかける黒柳徹子さん。

ランランの死亡

カンカンとランランはとても相性がよく仲良しで、上野動物園では2世の誕生を期待していました。ところが、1979年9月4日に、ランランが妊娠中毒症による肝不全で死亡。推定年齢は10歳でした。

ランランの死は各新聞で大きく取りあげられ、日本じゅうに悲しみが広がった。

（朝日新聞 1979年9月4日付 朝刊より）

ランランの次は、どうなンダ？

歴史

ランランが亡くなったのち、メスのホァンホァン（歓歓）が1980年1月29日、
カンカンとのペアリングのために上野動物園にやってきました。
ところが、カンカンも、1980年6月30日に急性心不全のために死亡しました。

日中国交正常化10周年記念

　1980年7月から上野動物園のパンダは、ホァンホァンだけでした。そこで、15歳のオスのフェイフェイ（飛飛）が1982年11月9日にやってきたのです。これは、日中国交正常化（→p2）の10周年記念としておくられたものでした。

　このカップルのあいだには、しばらく赤ちゃん誕生の気配はありませんでしたが、1985年6月27日、待望の赤ちゃんが生まれたのです。この赤ちゃんは、日本での出産第1号だとして、日本じゅうが大さわぎ。上野動物園のパンダ舎は、24時間注目されていたといっても過言ではありませんでした。しかし、チュチュ（初初）と命名されたその赤ちゃんは、わずか43時間の短い命でした。29日に死亡してしまったのです。死因は、なんと母ホァンホァンの下敷きとなったことによる、胸部挫傷！

　じつは、ホァンホァンとフェイフェイは相性が悪く、自然妊娠はのぞめませんでした。そのため、チュチュは、獣医師が日本から中国へ行って、人工授精の研修を受けたうえで

生後7か月のトントン。

母親のホァンホァン（左）と、1986年6月1日に生まれたトントン（右）。

生まれた赤ちゃんでした。その後ホァンホァンとフェイフェイのあいだには、1986年にメスのトントン（童童）、1988年にオスのユウユウ（悠悠）が、どちらも人工授精で誕生し、元気に成長しました。

14

🐼 パンダが神戸にきたンダ！

上野動物園以外にパンダがやってきた動物園があります。そのひとつは、兵庫県・神戸市の王子動物園です。その背景には、1973年に神戸市と中国の天津市が日中両国間ではじめて「友好都市提携」を結んだということがあります。

神戸市立王子動物園の取りくみ

神戸市とパンダの縁のはじまりは、1973年の友好都市提携にまでさかのぼります。友好都市提携とは、親善や文化交流を目的として特別の関係を結んだ、国を異にする都市と都市のことで、「親善都市」ともよばれます。

神戸市と天津市では、1974年「神戸・天津友好の船」で神戸から総勢405名が天津を訪問、1976年神戸で天津市主催「中華人民共和国展覧会」を開催したのをはじめ、毎年さまざまなイベントがおこなわれてきました。そして、1981年には、神戸港沖の人工島「ポートアイランド」が完成したのを記念して開催された「ポートピア'81」というイベントへ、天津市が2頭のパンダを友好の使者として派遣したのです。

そのイベントでは、パンダ館がつくられ、ロンロン（蓉蓉、メス17歳）とサイサイ（寒寒、オス6歳）を公開し、来場者にパンダの魅力を見せつけたといいます。パンダ館の周囲には雰囲気を演出するために竹などが植えられていました。なお、その際、パンダの世話役を担当したのが、神戸市内の王子動物園の飼育係と獣医師でした。その後も、神戸市と天津市のあいだでは、多くの動物交流が実施され、関係がふかまっていきました。結果、両市でパンダの日中共同研究の話が進められていったのです。

パンダ館で公開されたロンロン（右）とサイサイ（左）。

現在のポートアイランド。

タンタンと復興なンダ

1995年1月17日、阪神淡路大震災が発生。震災復興に取りくんでいた神戸市は、被災者、とくに子どもたちの心の傷を少しでもいやしたいと、中国に対し神戸市にパンダを連れてきてほしいと要望しました。

タンタン

王子動物園でパンダが一般公開された2000年7月28日には、パンダを見ようと多くの人びとが来園した。

中国からきたパンダの名前

中国は、神戸市からの要望に応えました。2000年7月16日、5歳のメスと4歳のオスのパンダをおくってくれたのです。

王子動物園にパンダがやってくると、2頭の名前の公募がおこなわれました。その結果、オスが、震災復興の願いから「コウコウ（興興）」と、メスは新しい世紀の幕開けという意味がある「タンタン（旦旦）」と名づけられました。

その後、王子動物園には、神戸、関西に限らず、全国からパンダを一目見ようと大勢の人がやってきます。

オスのコウコウは、2002年12月に中国へ帰国しましたが、かわりにやってきたオスのパンダにも同じ名前がつけられ、2代目コウコウ（興興）となりました。2代目コウコウとタンタンは、2003年から人工授精が試みられ、2007年に妊娠に成功しましたが、残念ながら死産でした。

翌年には出産までいたったものの、赤ちゃんは4日目に亡くなりました。その後、2代目コウコウは2010年9月9日に死亡し、王子動物園には、2017年現在、タンタンだけとなっています。

2代目コウコウ

和歌山にもきたンダ！

和歌山県のアドベンチャーワールドは、中国の「成都大熊猫繁育研究基地」(→p33) の日本支部として日中共同研究を世界ではじめてスタートしたことから、パンダがやってきました。ここでは主にパンダの自然繁殖の研究がおこなわれています。

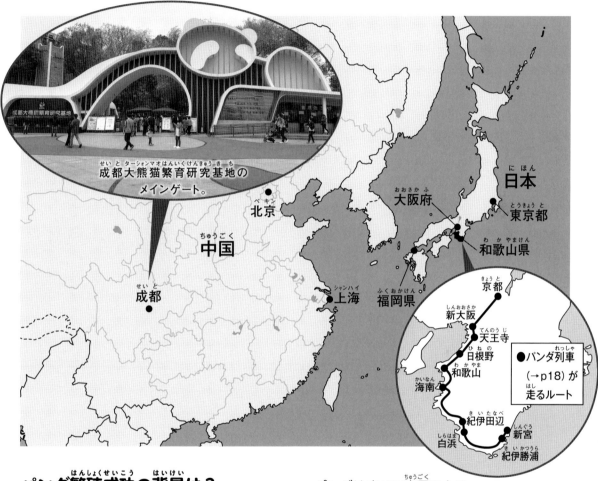

成都大熊猫繁育研究基地のメインゲート。

●パンダ列車 (→p18) が走るルート

パンダ繁殖成功の背景は？

「アドベンチャーワールド」（和歌山県白浜町）は、複合型アミューズメント施設で、動物園のほか水族館、遊園地があります。この施設がパンダの日中共同研究機関となり、オスの永明とメスの蓉浜がやってきたのは、1994年9月でした。

ただし、ここは成都大熊猫繁育研究基地の日本支部という側面をもつため、やってきたパンダはすべて中国のもの。

アドベンチャーワールドでは、1988年9月からシンシン（辰辰）とケイケイ（慶慶）を一時借用（1989年1月帰国）。ついで永明と蓉浜を借りうける契約。高額なお金を支払っても、パンダを借りうける意味があるといいます。なぜなら、この施設がある白浜町などは、パンダが町おこしに大きく役立っているからです。

17

14頭のお父さんパンダ？

2000年7月7日、アドベンチャーワールドにメスの梅梅がやってきました。ここから本格的な繁殖研究がスタートしました。中国で人工授精された梅梅が、日本にやってきてすぐに良浜が生まれました。

お父さんパンダの永明。

名前の2文字目は「浜」

その後、この施設では、多くの赤ちゃんが生まれました。ここで誕生したパンダの名前は、すべて2文字目が「浜」になっています。

父親の永明は自然に交尾できるすぐれたオスで、世界でも10本の指に入る繁殖能力といわれています。梅梅との相性もよく、合計6頭の赤ちゃんをもうけました。さらに、永明は、その後良浜に対しても旺盛な繁殖能力を発揮。8頭の赤ちゃんをもうけました。

結局、永明は、同園で誕生した赤ちゃん合計15頭のうち、14頭のお父さん。どっしりと貫禄たっぷりな頼れるお父さんぶりです。

●アドベンチャーワールドのパンダの家系図

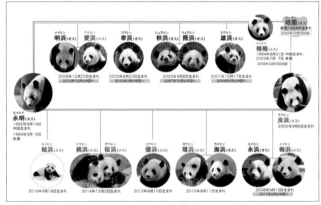

出典：アドベンチャーワールド　ホームページ

プラス1　パンダ列車でGO！

特急「くろしお」号。

和歌山県を走るJR西日本紀勢本線では、パノラマグリーン車の特急「くろしお」号にパンダシートが設置されたり、パンダのイラストが描かれた列車が運行されたりしたこともあった。また、2017年8月から2019年秋ごろまでの予定で、京都・大阪と和歌山県南部を結ぶ特急「くろしお」号にもパンダの顔をあしらった車両が登場。座席カバーにもパンダがデザインされている。

飼育員の阿部展子さん

6歳のオスのリーリーと6歳のメスのシンシンが

中国政府から貸しだされ、2011年2月21日に上野動物園にやってきました（→p12）。

この2頭の飼育担当としてきたのが、阿部展子さん……?

リーリーとシンシンの性格

オスのリーリーは、はじめて見るもの、聞く音などには神経を集中させ確認するような慎重派です。でも危険がないとわかると落ちつきを取りもどし、走りまわったり木登りしたりといった一面を見せます。

一方、メスのシンシンは怖いもの知らず、はじめての人でもためらわず近づいていきます。甘いものは大嫌いで、竹に関してはかなりのグルメで、種類や質によって食べる部分を選ぶほどだといいます。

2頭は相性がよく、2012年7月にはじめての赤ちゃんが誕生。でも、わずか6日後に死んでしまったのです。その死に多くの人たちが悲しみましたが、いちばん悲しんだのは、阿部展子さんだったかもしれません。なぜなら彼女は、2頭が上野にきて以来、ずっと世話をしてきた飼育員だからです。それから約5年後の2017年6月12日、ふたたび喜びの声にわきました。リーリーとシンシンに、2頭目の赤ちゃんが誕生したのです。

飼育員のアーブー

阿部展子さんのパンダ好きの原点は、おさないころにおばあちゃんがプレゼントしてくれたパンダのぬいぐるみだといいます。阿部さんは、小学校の修学旅行で上野動物園を訪れました。はじめて見たパンダは、寝てばかり。それでもそのかわいさに興奮、ますますパンダが好きになったといいます。

阿部さんは、高校生のときテレビで四川省・臥龍のパンダ保護研究センターの飼育員のドキュメンタリーを見ました。それがきっかけになり、大学で中国語を猛勉強し、パンダの飼育員を多数おくりだしている中国の大学に留学。日本人は阿部さんひとりだけでした。「パンダの飼育員になりたくて、わざわざ日本からきたの?」と留学中に聞かれたといいます。中国ではパンダはめずらしい動物ではなく、それほど関心がないのです。

1年半の研修中、60頭のパンダと接してきた阿部さんは、卒業の年、上野動物園へのパンダの貸しだしの話を知りました。阿部さんはすぐに上野動物園の園長さんに手紙を書きました。「私をパンダの飼育員として働かせてください」。それまでパンダの飼育がけっして順調とはいえなかった上野動物園にとっても、阿部さんの申し出は渡りに船を得る話で、すぐに採用を決定しました。こうしてリーリーとシンシンと阿部さんとの関係ができたのでした。

歴史 上野動物園の大さわぎはなんなンダ

2017年6月12日、上野動物園のシンシンが、体重約150gの小さな赤ちゃんを出産しました。出産の直後から日本じゅうが歓喜に包まれました。

自然交配による妊娠は難しい！

パンダは自然交配による妊娠・出産が難しいといわれています。なぜなら、パンダはメスの妊娠可能な期間が１年にわずか３日ほどしかなく、そこでオスと自然に交尾できるのは、とても難しいからです（→p43）。交尾できないと、また１年間妊娠できないといわれています。

それでもシンシンは2017年２月末にリーリーと交尾し、５月16日ごろから、主食の竹を食べる量が減るなど、妊娠の兆候が見られていました。そして、６月12日出産。シンシンの出産は2012年以来（赤ちゃんは６日後に肺炎で死亡）で、上野でのパンダ誕生は５例目となりました。

パンダは妊娠していなくても、しているかのような特徴を示す「偽妊娠」という状態になることがあります。そのため、実際に出産するまでは、妊娠していたかどうかは、わからないのです（シンシンにも2013年に偽妊娠があった）。

この上野動物園のパンダの赤ちゃん誕生は、大きく報道され、日本じゅうで大さわぎとなりました。上野動物園を管理する東京都の小池百合子知事も「待望の赤ちゃんパンダの誕生、大変うれしく思っています」などと、コメントを発表したほどです。

たくさんの人でにぎわう上野動物園の表門前（2016年３月）。多くの人がパンダをめあてにやってくるという。

2000〜2016年のあいだに15頭が誕生

日本国内でいちばん多くの赤ちゃんパンダが誕生しているのが、

和歌山県のアドベンチャーワールド。

2017年に上野動物園で赤ちゃんが生まれた1年前にも、メスの結浜が生まれています。

アドベンチャーワールドでは、これまで、自然交配のみで2012年に1頭、2014年に双子、2016年に1頭など、合計8頭のパンダが生まれています。そのほか、自然交配と人工授精の組みあわせで誕生した（そのどちらで妊娠・出産にいたったかは不明）パンダが7頭います。

上野動物園のシンシンの出産のニュースを聞いたアドベンチャーワールドの担当者は、「日本国内で2年連続でパンダという希少な動物の赤ちゃんが誕生したことをうれしく思います」と話していました。

2014年生まれの双子の桜浜と桃浜。1歳の誕生日には、スタッフが竹と氷でケーキを手づくりしてお祝いした。

プラス1　功労動物

永明

動物園の動物は飼育をしつづけることがとても大切で、それが最大の目標ともいわれる。アドベンチャーワールドの永明（→p18）も歳をとっているので、体力を維持できるようにスタッフの努力がつづいている。同園で生まれたパンダの15頭という実績は、中国本土以外では最多で、パンダ研究で名高い成都大熊猫繁育研究基地から「繁殖でもっとも優秀」という評価を受けた。

また、2004年9月、梅梅は「4頭の赤ちゃんを育て、繁殖研究に関心を高めると共に動物愛護の普及に多大な貢献をしている」との理由で、日本動物愛護協会から「功労動物」として表彰された。

日本のパンダ年表

資料:各施設の公式ホームページ（2023年7月時点）。

これまで日本には、かなりの数のパンダがいました。死亡したものも多くいます。

	名前	生まれた日	来園した日	亡くなった日または帰国した日
東京・上野動物園	カンカン（康康）	1970年11月生まれ（推定）	1972年10月28日	1980年6月30日死亡（推定9歳）
	ランラン（蘭蘭）	1968年11月生まれ（推定）	1972年10月28日	1979年9月4日死亡（推定10歳）
	ホァンホァン（歓歓）	1972年生まれ（推定）	1980年1月29日	1997年9月21日死亡（推定25歳）
	フェイフェイ（飛飛）	1967年生まれ（推定）	1982年11月9日	1994年12月14日死亡（推定27歳）
	チュチュ（初初）	1985年6月27日上野動物園生まれ ※父:フェイフェイ、母:ホァンホァン		1985年6月29日死亡
	トントン（童童）	1986年6月1日上野動物園生まれ ※父:フェイフェイ、母:ホァンホァン		2000年7月8日死亡（14歳1か月）
	ユウユウ（悠悠）	1988年6月23日上野動物園生まれ ※父:フェイフェイ、母:ホァンホァン		2004年3月4日死亡（15歳9か月）
	シュアンシュアン	1987年6月15日メキシコ・チャプルテペック動物園生まれ	2003年12月3日	2005年9月26日メキシコへ帰国
	リンリン（陵陵）	1985年9月5日北京動物園生まれ	1992年11月5日	2008年4月30日死亡（22歳7か月）
	リーリー（力力）	2005年8月16日臥龍保護センター生まれ	2011年2月21日	
	シンシン（真真）	2005年7月3日臥龍保護センター生まれ	2011年2月21日	
	名前未定のオス	2012年7月5日上野動物園生まれ ※父:リーリー、母:シンシン		2012年7月11日死亡
	シャンシャン（香香）	2017年6月12日上野動物園生まれ ※父:リーリー、母:シンシン		2023年2月21日中国へ帰国
	シャオシャオ（暁暁）	2021年6月23日上野動物園生まれ ※父:リーリー 母:シンシン		
	レイレイ（蕾蕾）	2021年6月23日上野動物園生まれ ※父:リーリー、母:シンシン		
兵庫・神戸市立王子動物園	コウコウ（興興）	1996年8月12日中国大熊猫研究中心（臥龍繁殖センター）生まれ	2000年7月16日	2002年12月5日中国へ帰国
	コウコウ（興興）2代目	1995年9月14日中国大熊猫研究中心（臥龍繁殖センター）生まれ	2002年12月9日	2010年9月9日死亡
	タンタン（旦旦）	1995年9月16日中国大熊猫研究中心（臥龍繁殖センター）生まれ	2000年7月16日	
	名前未定・性別不明	2008年8月26日神戸市立王子動物園生まれ ※父:コウコウ（2代目）母:タンタン		2008年8月29日死亡
和歌山・アドベンチャーワールド	シンシン（辰辰）	不明	1988年9月19日	1989年1月10日中国へ帰国
	ケイケイ（慶慶）	不明	1988年9月19日	1989年1月10日中国へ帰国
	永明（えいめい）	1992年9月14日生まれ	1994年9月6日	2023年2月22日中国へ帰国
	蓉浜（ようひん）	1992年9月4日生まれ	1994年9月6日	1997年7月17日死亡
	梅梅（めいめい）	1994年8月31日生まれ	2000年7月7日	2008年10月15日死亡
	良浜（らうひん）	2000年9月6日アドベンチャーワールド生まれ ※父:ハーラン（哈蘭）、母:梅梅 梅梅が中国で妊娠して日本で出産。永明との血縁関係はない。		
	雄浜（ゆうひん）	2001年12月17日アドベンチャーワールド生まれ ※父:永明、母:梅梅		2004年6月21日中国へ帰国
	隆浜（りゅうひん）	2003年9月8日アドベンチャーワールド生まれ ※父:永明、母:梅梅		2007年10月27日中国へ帰国
	秋浜（しゅうひん）	2003年9月8日アドベンチャーワールド生まれ ※父:永明、母:梅梅		2007年10月27日中国へ帰国
	幸浜（こうひん）	2005年8月23日アドベンチャーワールド生まれ ※父:永明、母:梅梅		2010年3月15日中国へ帰国
	名前未定のオス	2005年8月24日アドベンチャーワールド生まれ ※父:永明、母:梅梅		2005年8月25日死亡
	愛浜（あいひん）	2006年12月23日アドベンチャーワールド生まれ ※父:永明、母:梅梅		2012年12月14日中国へ帰国
	明浜（めいひん）	2006年12月23日アドベンチャーワールド生まれ ※父:永明、母:梅梅		2012年12月14日中国へ帰国
	梅浜（めいひん）	2008年9月13日アドベンチャーワールド生まれ ※父:永明、母:良浜		2013年2月26日中国へ帰国
	永浜（えいひん）	2008年9月13日アドベンチャーワールド生まれ ※父:永明、母:良浜		2013年2月26日中国へ帰国
	海浜（かいひん）	2010年8月11日アドベンチャーワールド生まれ ※父:永明、母:良浜		2017年6月5日中国へ帰国
	陽浜（ようひん）	2010年8月11日アドベンチャーワールド生まれ ※父:永明、母:良浜		2017年6月5日中国へ帰国
	優浜（ゆうひん）	2012年8月10日アドベンチャーワールド生まれ ※父:永明、母:良浜		2017年6月5日中国へ帰国
	桜浜（おうひん）	2014年12月2日アドベンチャーワールド生まれ ※父:永明、母:良浜		2023年2月22日中国へ帰国
	桃浜（とうひん）	2014年12月2日アドベンチャーワールド生まれ ※父:永明、母:良浜		2023年2月22日中国へ帰国
	結浜（ゆいひん）	2016年9月18日アドベンチャーワールド生まれ ※父:永明、母:良浜		
	彩浜（さいひん）	2018年8月14日アドベンチャーワールド生まれ ※父:永明 母:良浜		
	楓浜（ふうひん）	2020年11月22日アドベンチャーワールド生まれ ※父:永明 母:良浜		

※このほかに、福岡県の福岡市動物園（1980年）、兵庫県神戸市（1981年→p15）、山梨県甲府市（1989年）にも、期間限定の展示のためにパンダがやってきている。また、1988～1989年にアドベンチャーワールドで一時借用されていたシンシンとケイケイは、岡山県の池田動物園と北海道函館市でも公開されている。上海雑技団がパンダを連れて来日公演したこともある。

パンダ・ダジャレとなぞなぞ

この本の「はじめに」に記したクイズ「パンダの夢は、なンダ？」は中国のなぞなぞでしたが、ここでは、日本で楽しまれているパンダ・ダジャレを紹介したうえで、なぞなぞをつくってみましょう。

ダジャレ

パンダのパンだ！

パンダのえさはパンだ！

パンダの好物はパンだ！

パンダのえさは残飯だ！

パンダの好物は残飯だ！

パンダがはいているのはジーパンだ！

じいさんパンダがはくのはジーパンだ！

ジーパンはくじいパンダ！

パンダがはいているのはトレパンだ！

パンダがはいているのは短パンだ！

パンダは、ふだんは短パンだ！

パンダの仕事は、運搬だ！

パンダの本を出版だ！

パンダがパンダに直談判だ！

パンダが、なんだぱんだいっている！

パンダの番だ！

なぞなぞ

Q1 パンダがいちばんすきな国は○○○○だ？

A1　ジャパンだ。

Q2 パンダがいちばんすきなお酒は○○○○○だ？

A2　シャンパンだ。

Q3 サイとパンダがいる島は○○○○だ？

A3　サイパンだ。

PART 2 パンダと政治・経済

日中友好の証として中国から日本におくられ、上野動物園に到着した2頭のパンダ、カンカン（左）とランラン（右）。
写真提供：共同通信社／ユニフォトプレス

政治 パンダ外交

1972年から1982年のあいだ、世界じゅうから孤立していた中国政府は自国にしかいない希少動物「パンダ」を世界の国ぐにに無償譲渡！国際社会の目を中国に向かせ、中国に対しよい印象をつくろうとしました。

最初はアメリカから

中国は1972年にアメリカからはじめ、日本・フランス・イギリスへと、パンダをおくりました。おりしも1972年は、日中国交正常化の年。9月29日に北京で日本側が田中角栄首相、中国側は周恩来首相（いずれも当時）の署名により日本と中国が国交を結びました。

その際に「友好の花をさかせよう」と、日中国交正常化を記念して中国からおくられたのが、2頭のパンダだったのです。そして、それが、中国の「パンダ外交」のはじまりでした。じつはこれは、中国政府が各国に対し、外交的な貸しをつくるのが目的だったとみられています。そこで登場した言葉が、「パンダ外交」！

ただし、1972年以前にも、親善大使としてパンダが、ロシア*などにもおくられていました。そのため、第二次世界大戦後1983年までに、20頭以上が中国政府によって正式に国外におくられたことになります。

これらの目的は、1972年以前・以後ともに、中国が相手国に対して友好的な姿勢を示すためであり、また、パンダのかわいくて温厚なイメージを利用して中国のイメージアップをねらったともいわれています。

しかし、実際のパンダはイメージに反して、獰猛な雑食動物（→p7、p40、p46）です。そして、近年の中国は、パンダの本性に象徴的にあらわれるような行動を国際社会に対しおこなっています。

そうみると、近年の中国外交は、「本当のパンダ外交」といえるものかもしれません。

＊1960年代、中国と仲のよかったソ連（現在のロシア）にパンダが寄贈された。

ワシントン条約により
レンタル扱い

　現在ではワシントン条約（→p11）などにより、パンダも取引が禁じられています。たとえ「親善大使」としても、パンダをおくることはできません。そこで考えだされたのが、「レンタル（貸しだし）」という方法です。そして、中国は政治の手段としてだけでなく、経済的な目的からもパンダのレンタルを積極的におこなうようになりました。なぜなら、パンダのレンタルは、中国にとって、よいビジネスになるからです。

　2013年には、中国はカナダにつがいのパンダ2頭を貸しだした。写真は、中国・重慶市の動物園からカナダへ向けて出発するパンダを見おくる市民たち。

プラス1　日本から中国へ

　日中国交正常化を記念して、中国からパンダがやってきたのと逆に、日本は、中国へ記念樹としてオオヤマザクラとカラマツの苗木をおくった。苗木は飛行機で運べるように、高さ1.5mから1.8mのもの1000本ずつが選ばれた。苗木の贈呈式は、北京市内にある天壇公園の広場で盛大におこなわれた。結果、現在、オオヤマザクラ1000本のうち180本が植えられた北京市の玉淵潭公園は桜が咲きほこる中国随一の桜の名所「桜花園」になっている。

写真：Imaginechina/アフロ

パンダのレンタルとは？

中国は1981年、ワシントン条約に加盟。これにより、パンダの無償譲渡は終了しました。その後、中国から日本をはじめ、海外におくられるパンダは「中国籍」のまま貸しだされる形になっています。これが「パンダレンタル」です。

中国の飼育施設で育つパンダ。

2017年6月には、中国とドイツとの国交45周年を記念して、ドイツのベルリン動物園につがいのパンダが中国からおくられた。写真は、同年7月5日のパンダのお披露目式に出席したドイツのメルケル首相（左）と中国の習近平国家主席（右）。2頭のパンダのうち1頭につけられた名前は「モンモン（夢夢）」。この名前は、習主席がかかげる政治スローガン「中国の夢（世界でもっとも豊かで強い中国を取りもどすこと）」を思わせるともいわれた。

パンダの国籍

以前は、中国から外国へおくられたパンダは、その相手国の国籍になりました。いいかえれば相手国のものとなったのです。ところが、中国以外の国のパンダの数は非常に限られているため、繁殖は、ほとんどできませんでした。しかも、外国籍のパンダでも、中国籍のパンダとのあいだに生まれた赤ちゃんは「中国籍」になるなどの決まりから、国籍を変えることの意味が弱まっていました。こうした背景もあって、現在、パンダはすべて中国から相手国へのレンタルとなっています。

ビジネスになったパンダレンタル

　パンダは、現在中国にしか生息していない動物です。一方、そのめずらしい動物、かわいい動物にきてほしいという国は、多くなっています。どこの国でも、パンダの愛くるしさを知ると、子どもたちばかりでなく、パンダに自国の動物園にきてほしいと願う人は非常に多くいます。

　こうしたパンダを取りまく、需要と供給のバランスが、パンダのレンタル料を釣りあげているといいます。現在、各国が中国に支払うパンダのレンタル料は、非常に高くなっています。一般にオスメス一組で、年間1億円程度といわれていますが、実際に、上野動物園のリーリーとシンシン（→p12）の場合、そのレンタル料は、1年間で95万ドル（約1億円）です。賃貸契約期間が10年間なので、借主である東京都は合計約10億円以上を支払う計算になります。東京都は、このお金を「野生動物保護事業への支援」という名目としています。

　中国側は、この収入は、パンダの保護や繁殖などの研究費用にあてているといっていますが、中国が外貨をかせぐためにおこなっている「パンダビジネス」だという見方もあります（ただし、経済大国の中国にとってパンダのレンタル料などは、大した金額ではないという見方もある）。

　それでも、パンダのレンタル料の高さは、資金難によりパンダを返還した国もあることからもわかります。なお、レンタルされたパンダが死亡した場合、その国は、自然死であると証明できなければ、賠償金として約5000万円を中国に支払わなければならないとされています。これではパンダビジネスだといわれてもしかたありません。少なくとも「親善大使」などとはいえません。

写真：ロイター／アフロ

上野動物園の経済効果

パンダレンタルは、中国のビジネスだといわれていますが、上野動物園やその周辺でも、2017年6月12日に生まれたパンダの赤ちゃんによる経済効果を期待する人たちが多いのも事実です。

上野動物園のにぎわい

2017年6月12日に赤ちゃんが生まれると、上野動物園の周辺の多くの商店では、お祝いムードが演出され、パンダに関連した食事のメニューやお菓子、Tシャツ、おもちゃなど商品がたくさん市場に出回りました。そのすばやさは、前もって、相当な準備がおこなわれていたかのようです。関西大学の宮本勝浩名誉教授の試算では、パンダの赤ちゃん誕生の経済効果は、1年間で東京都内に約267億円にのぼるとされました。

上野動物園が赤ちゃんはメスと発表し、その名前の公募をはじめると、ますます赤ちゃんパンダと上野動物園への注目が高まりました。そして、9月25日に名前が「シャンシャン（香香）」と決定されると（→p53）、パンダブームは絶頂に達しました。

これまでのパンダブームとの違い

しかし、今回のパンダブームは、これまで上野動物園でおきた3回のものとは少しようすがちがっています。

最初のパンダブームは、1972年、日本にとってはじめてのパンダ・カンカンとランランがやってきたとき（→p2）で、次は1986年にトントンが生まれたとき（→p14）、そして1988年にユウユウが誕生したとき（→p14）でした。過去の3回のパンダブームでは、老若男女が無邪気に喜んでいました。

ところが、今回は、インターネット上では、「パンダはいらない！」「中国にだまされるな」などといった声まで上がっているのです。

こうした背景には、近年の日中関係があります。中国が日本の尖閣諸島を中国のものだといってきたり、南シナ海をはじめ中国の海洋進出のやり方が強引であったりしていることから、中国に対しよく思わない人が増えているのです。そうした人たちのなかには、「本当のパンダ外交」（→p24）を見ぬかなければならないという人も出てきました。

デパートの壁面にお祝いのたれ幕がかかげられるなど、上野周辺は赤ちゃんパンダ誕生の喜びにわいた（2017年6月16日）。
写真：Rodrigo Reyes Marin／アフロ

オランダの動物園で、パンダの4歳の誕生日を祝う人びと。オランダでは、2017年4月12日につがいのパンダがやってきて以来、パンダブームとなっている。
写真:Hollandse-Hoogte/アフロ

もうひとつの理由

　今回のパンダブームに水をさしているのは、シャンシャンは、満24か月をこえたら、中国に返さなければならないことがあげられます。なぜなら、シャンシャンの両親のリーリーとシンシン（2011年2月来日）は、上野動物園史上はじめてレンタル料を支払って中国から借りているもので、赤ちゃんが生まれたら返却する約束になっているからです。

　日中国交正常化のシンボルだったカンカンとランランをはじめ、かつてやってきた上野動物園のパンダたちは、中国からのプレゼントで、所有権も日本にありましたが、今回は、レンタル！　赤ちゃんが生まれた場合、追加のレンタル料は設定されていませんが、赤ちゃんの国籍（→p26）がある中国に返すことが、中国側と東京都のあいだで協定されているのです。返却の期限が延長されることもありますが、長期の延長は期待できないといわれています。

「パンダで暴利をむさぼる中国」

　シャンシャンの誕生以来、日本では「パンダで暴利をむさぼる中国」が「本当のパンダ外交」をしているといった見方が、より広まっています。しかし、中国がパンダをプレゼントからレンタルに切りかえたのは、お金が目当てだという見方には、やはり説得力がありません。

　お金を支払ってもパンダを受けいれたいという国は多いといいます。パンダはどこの国でも人気！　そして、パンダがやってきたとたん、動物園の来園者数が飛躍的に増えているのは事実です。すなわち、受けいれる側も経済効果を期待しているわけです。しかし、それでも中国は、そうした状況を巧みに利用しているのもたしかであると指摘せざるを得ませんが……。

政治 パンダと「一帯一路」

すでに経済大国となった中国にとってレンタル料はどうでもよいこと。
それでもパンダのレンタルは、中国に対するいいイメージを相手国の人びとにあたえたり、パンダと引きかえになにかを得ようとしたりするためだといわれています。

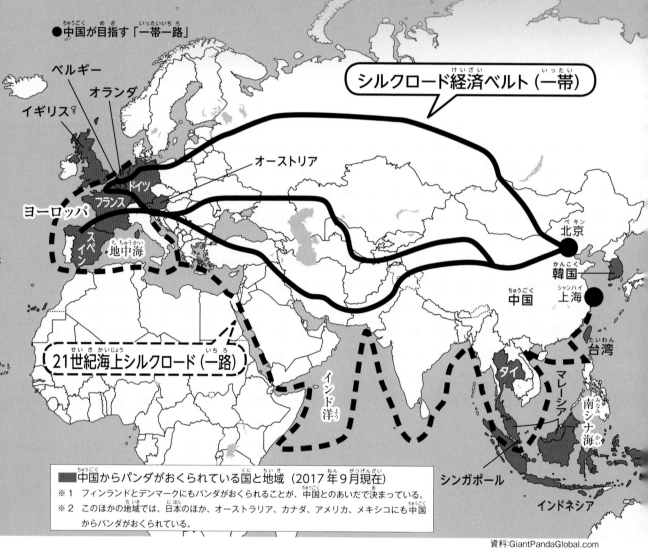

●中国が目指す「一帯一路」

資料：GiantPandaGlobal.com

一帯一路＝現代版シルクロード経済圏構想

2013年3月に中国の国家主席に就任した習近平氏は、それまでにも増してパンダのレンタルを積極的に展開。ヨーロッパやアジアにレンタル先を増やしてきました。それは習主席が唱える「一帯一路（現代版シルクロード経済圏構想）」といわれる地域と合致していることから、中国は国際戦略上重要な地域にパンダを送りだしているとまでいわれています。

ピンポン外交と今

かつて日本と中国は、卓球を利用した外交をおこないました（「ピンポン外交」とよぶ）。1971年当時、アメリカと中国の関係はよくないように思われていましたが、日本でおこなわれた世界卓球選手権大会へ中国選手団が参加した際、中国は、日本とアメリカの選手団と積極的に交流しました。そして、その大会の直後には、中国がアメリカの卓球チームを中国に招いたのです。この招待は、「中国に関係改善の意思がある」ことだと、アメリカのニクソン大統領（当時）は考えたとみられています。

実際、そのことがきっかけとなり、1972年には、ニクソン大統領の中国訪問が実現しました。そして、中国はアメリカへパンダをプレゼントしました。さらに、日中国交正常化も実現し、2頭のパンダが日本へやってきたのです（→p2）。

日中の関係が悪化するなかで

2012年9月11日、日本政府が地権者から尖閣諸島の魚釣島、北小島、南小島を購入、3つの島が国有化されるという出来事がありました。じつは、その前後から日本と中国の関係は悪化の一途をだどってきたのです。そしてその後も状況はけっしてよくなっているとはいえません。そうしたなか、中国はリーリーとシンシンを日本へレンタルしてきているのです。尖閣諸島の国有化がおこなわれる半年ほど前のことでした。

それが、1971年にニクソン大統領が判断したように「中国に関係改善の意思がある」ということだとは、その後の日中関係の悪化ぶりからみても思えません。しかし、今回シャンシャンの誕生にあたり、中国の外務省報道官が好意的なコメントを発表したことについては、日本国内からも「関係改善の意思がある」といった見方も出てきました。

プラス1　「一帯一路」とは

現在中国が目指す経済・外交圏構想「一帯一路」は、英語の略称ではOBOR。2013年に習近平主席が提唱し、2014年11月に中国で開催された「アジア太平洋経済協力（APEC）首脳会議」で、中国が世界に向けてアピールした構想。「一帯」が、中国西部から中央アジアそしてヨーロッパを結ぶ「シルクロード経済ベルト」を、「一路」は中国沿岸部〜東南アジア〜インド〜アフリカ〜中東〜ヨーロッパと連なる「21世紀海上シルクロード」をさすもの。このふたつの地域でインフラの整備や経済・貿易関係を促進するという構想だ。

タイの動物園にいるパンダ。中国はタイにとって主要な貿易相手国のひとつとなっている。

PART3 パンダを取りまく自然・環境

🐼自然 三国志の時代の都・成都では？

成都は、「魏・呉・蜀」の三国志の時代から蜀の都として知られ、現在四川省の省都として、中国西南の政治・経済・文化の中心地となっています。そこには、世界最大級のパンダ人工繁殖センターがあります。

人工飼育と野生の両方が見られる都市

　四川省、陝西省、甘粛省にまたがる6大山系はろうかのような形になっています。成都はちょうどこのろうかの真ん中の位置にあります。

　現在の成都は大都市に発展していますが、パンダの生息地が市内の中心地からわずか70kmのところにあります。このため、成都は人工飼育と野生のパンダの両方が見られる世界で唯一の都市で、「パンダの故郷」といわれています。

　なお、成都にはパンダのほか、数多くの絶滅危惧種（EN）や危急種（VU）が見られます。

プラス1 保護第1号

成都で発見された1頭の野生パンダが、1953年1月17日、成都大熊猫繁育研究基地の前身となる動物園に運ばれてきた。これは、1949年に建国された中国としてはじめてのこと。その後、野生パンダの保護の道を開く出来事となった。

成都大熊猫繁育研究基地の親子のパンダ像。

32

成都大熊猫繁育研究基地

「成都大熊猫繁育研究基地」は、成都市内から北へ約10kmの斧頭山にある総面積は36.5haの世界最大級の、パンダの人工繁殖センターのことです。

この基地は、1987年3月、中国動物協会や中国野生動物保護協会などの協力により、成都につくられました。

そこでは、野生のパンダの保護活動のほか、人工繁殖と人工飼育の研究をおこなっています。人工繁殖を通してパンダの数を増やし、野生化訓練をしたうえで、野生に戻す取りくみがおこなわれています。また、パンダ研究の技術開発、さらには、人材育成も積極的におこなっています。

基地での赤ちゃんパンダのおひろめ（2016年9月）。
写真：Imaginechina/アフロ

プラス1　竹の回廊

1983年、秦嶺山脈では1本の道路が建設されたせいで、竹林が分断され、パンダもその道路を渡ることができずに分離されてしまった。そこでつくられたのが「竹の回廊」。これは、パンダの移動を可能とするためにつくられた竹林のこと。なお、1999年には、新たなトンネルがつくられ、道路による竹林の分断は解消された。

成都大熊猫繁育研究基地の入り口。海外からも多くの人が訪れる。

パンダの保護活動

中国では、竹林の伐採や狩猟を規制したパンダ保護区は1963年にはじめてつくられて以来、どんどん増設されて合計40か所以上になりました。ところが、2008年5月の四川大地震により、せっかく軌道に乗った保護区運営が壊滅してしまいました。

臥龍自然保護区

パンダ保護区のうち最大のものは、四川省北部のアバ・チベット族チャン族自治州（成都から約130km）にある臥龍自然保護区。1963年に設立され、面積は20万haにおよんでいます。ここには、100頭あまりの野生のパンダが生息しています。

また、ここにはパンダの野外観察センターと、パンダをテーマにした「パンダ博物館」も建てられました。その博物館は、パンダの生息環境、歴史の変遷、パンダの特徴、パンダの人工飼育、繁殖、保護と自然保護区事業の発展などの展示が見られ、パンダの秘密にせまることができるといいます。

このように軌道に乗った保護区運営でしたが、2008年5月の四川大地震によって臥龍自然保護区は壊滅してしまったのです。

四川大地震は、臥龍自然保護区のある汶川県が震源だったため、臥龍自然保護区のほとんどの施設が破壊されました。また、そこだけでなく、多くの保護区でも大きな被害が出ました。

それでも、臥龍自然保護区で飼育されていたパンダは無事で、各地の動物園にちりぢりに移送されました。

その後、臥龍自然保護区の施設は約20km離れた場所に再建され、2016年5月までに全頭のパンダが戻りました。現在は約150頭となり、震災以前の数を回復したと発表されています。

四川大地震で大きな被害を受けた臥龍自然保護区のパンダを別の施設に移送する職員たち（2008年5月23日）。

写真：新華社／アフロ

パンダとWWF

WWFは世界の野生生物とその生息地の保護、熱帯林の保全などに取りくむ国際基金です。1961年創設の世界野生生物基金（World Wildlife Fund）が1986年に改称されてWWF（World Wide Fund for Nature＝世界自然保護基金）となりました。

発足のきっかけとロゴマーク

WWFの発足のきっかけになったのは、アフリカの野生動物の惨状でした。当時アフリカでは野生動物がハンティングにより乱獲されていましたが、狩猟の規制といった保護がまったくされていませんでした。そのことに危機感を覚えた一部の人たちが、団体を設立して保護活動をはじめたのです。

このWWFのロゴマークが、パンダです。それは設立者のひとり、ピーター・スコット卿という人がたまたまイギリス・ロンドンの動物園で中国からやってきたパンダを見て、言葉の壁をこえられるようなわかりやすいシンボルマークに適していると思い、選んだといわれています。

©1986 Panda Symbol
WWF-World Wide Fund
For Nature (Formerly
World Wildlife Fund)
©"WWF" is a WWF
Registered Trademark

WWFのロゴマーク

WWFのパンダの保護活動

WWFはアメリカの自然科学者ジョージ・B・シャラーとともに、パンダの保護活動を開始しました。当時のようすについて、シャラー博士は次のように書いています。

――◆◆◆◆――

木の生い茂る山道で我々の行く手は阻まれ、ベイツガ、マツ、そしてカバの樹冠の下にある竹が我々の周りで密生している。時々、薄紫の花房の蘭が木陰で輝く。ここ標高2500メートルの四川省の臥竜保護区では、春寒の中で大気は涼しい。遠くでヒマラヤカッコウが鳴く。

突然ナチュラリストの胡錦矗が、二つの新しいパンダの糞を指し示した。パンダは近くにいるのか？

我々は、この神秘的な生き物の姿や気配を感知し、その物音を聞こうと感覚を研ぎ澄ます。ピーター・スコット卿とフィリッパ令夫人、ジャーナリストのナンシー・ナッシュ、そして私は、糞を取り囲んで恭しく写真におさめ、その大きさを測った（最大は14センチ×5.5センチ）。我々のグループの21人の中国人は忍耐強く見守りながら、むしろパンダが通り過ぎたことを示すこれらの落とし物に対する我々の喜びように困惑している。

しかし1980年5月15日のこの瞬間は、パンダにとって歴史的な意味があった。すなわち、WWFと中国の合同チームが初めて野生のパンダの存在を確認したことで、この稀少で貴重な生きものが将来、野生で確実に生存するための、長期にわたる共同作業が始まったのである。

――◆◆◆◆――

WWFホームページ掲載
「中国での調査にあたって」より一部抜粋

35

国際自然保護連合（IUCN）が4年に1度開催する、世界自然保護会議。写真は2012年に韓国で開催されたときのようす。

環境 「レッドリスト」とは？

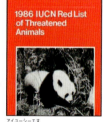

IUCNのレッドリスト

「レッドリスト」は、絶滅するおそれのある野生生物の種の一覧のことです。絶滅の危険度を評価し、すでに絶滅したと考えられる種や絶滅の危機にある種を「絶滅（EX）」「野生絶滅（EW）」「絶滅危惧（CR、EN、VU）」「準絶滅危惧（NT）」などに分類して記載しています。

国際自然保護連合

「国際自然保護連合（IUCN）」は、国や政府機関、NGOなどからなる自然保護・天然資源保全のための国際的な連合体です。1948年に設立され、本部はスイスにあります。レッドリストの作成もおこなっています。IUCNが発行する世界規模のレッドリスト（正式名称は『IUCN絶滅のおそれのある生物種のレッドリスト：IUCN Red List of Threatened Species』）は、世界各国が作成するレッドリストの元にされるものです。日本でも、環境省や各都道府県および日本哺乳類学会などの学術団体がそれぞれ独自のレッドリストを作成していますが、その元となる資料は、やはりIUCNです。

なお、パンダはIUCNのレッドリストで「絶滅危惧種（EN）」に分類されていましたが、2016年9月から危機レベルがひとつ下がり、「危急種（VU）」に変更されました。

「絶滅危惧種（EN）」は、数が突然急減したり、生息地が失われたことにより、絶滅の危機に瀕している動植物のことをいいます。

約260頭の増加

中国国家林業局がパンダの分布域である四川省、甘粛省、陝西省の山岳地域で2011年からおこなった調査によると、パンダの推定数は、2003年から2013年末までの約10年間で約260頭増加し、おとな1864頭になったことがわかりました。もちろん、前回の調査で発見できなかったパンダもなかにはいると推測されますが、繁殖力がけっして強くない野生のパンダの推定数が減少しなかったことは、保護活動の成果だと認められるといわれています。しかも、こうした生息域のうちの53.8％が自然保護区で占められていて、推定数の1864頭のうちの1246頭が、その保護区内に生息していることも明らかになりました。

また、この調査ではパンダの生息エリアについても、面積が257万7000ha（四国の約1.4倍）で、2003年と比較して11.8％拡大したこともわかりました。

ふたたび減少傾向へ

2016年現在は生息数が増加傾向にありますが、今後、地球温暖化などにより、主な食べ物である竹がなくなってくるなど、パンダの生息環境が悪化することもあります。今後80年間にパンダの生息地の35％以上が失われ、それにともなってふたたびパンダの数も減少するといった予測も出されています。

四川省・臥龍保護区のパンダ。

●パンダの生息地と自然保護区

出典：WWFホームページ

🐼環境 アドベンチャーワールドの飼育環境

中国の「成都大熊猫繁育研究基地」の日本支部（→p17）となっているアドベンチャーワールドでは、施設のある和歌山県白浜町の気候・空気・水などもパンダの飼育に適しているといっています。

食べ物がいい！

アドベンチャーワールドのパンダ飼育環境のよさとして、自然環境もさることながら、パンダの主食である竹が近くから運ばれてくることもあげられます。その竹は、大阪府と京都府内から運ばれてくるもの。

なかでも、大阪府岸和田市では、2005年に「神於山の里山整備計画」がはじまり、そのなかで、「神於山の笹をパンダの食卓に」というプロジェクトができました。それ以来、同市に近いアドベンチャーワールドへ毎週、保冷車で新鮮な竹が運ばれてきています。このプロジェクトのおかげで、アドベンチャーワールドのパンダは良質の竹を食べることができるのです。このことは、これまでアドベンチャーワールドがパンダの繁殖を成功させてきた（→p18）要因のひとつになっているともいわれています。

パンダの運動場

アドベンチャーワールドでは、パンダの飼育施設が2か所あり、それぞれの飼育室の外には広びろとした屋外運動場があります。パンダたちは、この広い運動場で木に登ったり滑り台などの遊具でゆったりと遊んだりしています。

こうした広い運動場は、中国の動物園と同じですが、これも、パンダの繁殖が比較的うまくいっている要因のひとつであるのはまちがいありません。

岸和田産の笹。

広びろとした運動場で、すべり台で遊ぶパンダ。

パンダの世話をするアドベンチャーワールドの社員たち。

社員全員パンダ係

　アドベンチャーワールドが繁殖に成功してきた要因として特筆すべきことがあります。それは、アドベンチャーワールドの社員！

　パンダの飼育に関わるのは、飼育係やパンダの飼育室に関係している人だけではありません。社員全員なのです。

　というのは、アドベンチャーワールドには、「社員全員がなんでもできるようにする」といった方針があって、販売や遊園地の担当者も各動物の飼育係も、ローテーションによってさまざまな業務をおこなっているのです。

　「専門家はいらない」「みんなが飼育係」という考え方が基本だといいます。

　そして、社員全員が情報を共有するために日報を非常に重要と考えています。ローテーションでパンダの世話を担当するすべての社員が、食欲や食べたえさの量、糞の状態や量をチェックし、体重を管理し、小さな変化にも目を向けるのです。

　とくに繁殖期には、細心の注意が必要です。パンダの繁殖期が近づくと、陰部の大きさに変化が現れます。これを感覚で記録するのではなく、実際に測り、色が変化しているようなら色見本をつかって記録します。

　このように業務のさまざまな面で基本ルールにしたがって、社員全員が情報を共有し、経験を蓄積するということも、パンダの飼育環境として見逃せないことなのです。

社員のいちばんのやりがい

　アドベンチャーワールドの社員にとって、いちばんのやりがいは、なんといっても交配と出産だといいます。しかし、パンダの妊娠は見た目からは、ほとんど判断できません。生まれるまでは妊娠していたかどうかさえわからないこともあるほどです。それほど難しいことですから、飼育しているパンダが赤ちゃんを産んで健康に育っていくことを、社員全員がこころから願っているのです。

アドベンチャーワールドで2016年9月に誕生した結浜。

PART 4 生物としてのパンダ

パンダは、生物の分類学上、哺乳綱・食肉目・クマ科・ジャイアントパンダ属のなかに分類される(→p7)ことから、どうも竹だけを食べているというのは、不思議に感じられます。

生物 パンダの食べ物

食べるのは竹だけではない！

野生のパンダの生息地は中国の山奥の竹林で、パンダは、竹や笹の葉、タケノコを好んで食べています。しかも、竹であればどんな種類の竹でもよいわけではありません。

しかし、竹はその種類により数十年から百年の一定周期ごとに一斉に開花時期をむかえ、数か月後には枯れてしまいます。すると、それでなくても数の少ないパンダは、その度に餓死の危機におちいることになります。実際1970年代半ばには、四川省北部〜甘粛省南部の岷山一帯で竹が一斉開花したときに多くのパンダが餓死しました。

それでも、数こそ少なくても野生のパンダは生きながらえています。すなわち、パンダは竹以外のものも食べる雑食です。

近年では、パンダは、昆虫やネズミなどの小動物も食べることがわかってきました。

プラス1　パンダが冬眠しない理由

冬眠は、冬にえさが乏しくなる地域の動物が冬を乗りきるための方法。だが、パンダが主食にしている竹・笹は、冬でも枯れずに食べることができるので、冬眠する必要がない。逆に、竹・笹は栄養価が低いので、どんなに食いだめしたとしても、冬眠するだけのカロリーを得ることはできないからでもある。

竹を食べるようになった理由

冬眠をしないパンダは冬場でも食べつづけなければならない。パンダは、野山をかけまわってエネルギーを消費したり(→右ページ)、冬場に獲物をとったりすることが苦手だ。

こうしてパンダは、年中苦労しないで食べられる竹を好むようになったのだと考えられている。

40

エネルギーをむだにできない！

　パンダが好む竹という植物は、栄養価が低く、しかもパンダには草食獣のような長い腸がそなわっていないため、栄養分がじゅうぶんに吸収されません。そのため、パンダはおとなで一日12〜16kgもの竹を食べなければなりません。シカなどの草食動物が100gの草から80gの量を栄養分として吸収することと比べると、パンダの栄養の取り方がいかに非合理であるかが想像できます。

　また、おとなのパンダが一日に食べる竹により得られるエネルギーは、4300〜4500kcalです。一方、あの大きなからだで消費されるカロリーは一日約4000kcal強になると計算されています。このため、パンダは、むだなエネルギーをつかうわけにはいかず、行動もゆっくりしていると考えられます。おきているときはひたすら竹をむさぼるように食べ、そのほかの時間の大半は寝ているのはこのためです。

パンダ団子。写真は、上野動物園であたえられていたもの。

 パンダの食卓

　パンダのいる日本の３つの動物園では、竹のほかにリンゴやニンジン、ビスケットなどをあたえている。上野動物園のカンカンとランランには、竹のほかに柿やリンゴ、ニンジン、ミルク粥（ミルク・ごはん・鶏卵・砂糖・塩をまぜたもの）や、トウモロコシ粉・大豆粉・骨粉・食塩をまぜて蒸したものなどがあたえられていた。神戸の王子動物園では、乾燥させた竹をミキサーで粉砕して、トウモロコシ・米粉・大豆・砂糖・食塩・鶏卵・カルシウムをまぜて団子にして、蒸し器で２時間蒸したものをあたえている。また、アドベンチャーワールドでは、竹のほか、足りない栄養分をリンゴ、ニンジン、ビスケット、ミルクで補っている。

パンダの成長

生物

パンダという動物は平均わずか100g前後で生まれ、成体で体重80～130kg、体長130～150cmに成長します。竹だけを食べてそんなに大きく成長するのでしょうか。

パンダの一生

パンダは、生まれたときの平均体重は、わずか100g前後で、全身薄いピンク色で、わずかに白く短い毛が生えています。それが、10日ほど経つと、うっすらとパンダの特徴である白黒模様が現れ、4週間ほどでその模様がはっきりとするようになります。さらに、生後6～8週間までに目が開き、3か月ほどで自分の力で歩きまわれるようになり、9か月で離乳し、1年半～2年半ほどで独立します。そのころには、体重80～130kg、体長130～150cm、肩までの高さは70～80cm、立ちあがると170cmにもなるおとなになっているのです。親離れのあとはふつうは単独で行動し、群れて生活することはありません。群れをつくらないというのも、パンダの特徴となっています。

なお、パンダの寿命は、野生の状態でははっきりしていませんが、おおよそ20年。一方、飼育下のものでは大体20～30年程度生きるといわれています。

プラス1 世界最高齢のパンダが死亡

2017年9月13日、世界最高齢の飼育パンダとしてギネス世界記録に認定されていたパンダ（「バス（巴斯）」という名前のメス）が、中国福建省のパンダ研究交流センターで、37歳で亡くなった。人間の年齢にすると100歳以上だという。バスはもともと野生だったが、1984年、4～5歳ごろに四川省の山のなかで川に落ちていたところを保護された。

自転車に乗ったりボールを投げたりするバスは、中国では「スターパンダ」として愛されてきた。

1987年には文化交流としてアメリカを訪問。1990年には、北京で開催されたアジアの国際スポーツ大会で大会マスコットのモデルにもなった。

バスの訃報は、中国国営テレビが、センターからの生中継で伝え、海外でも、日本ほかのメディアで取りあげられた。なお、センターは、「バスの美しい姿と精神はこれからも永遠に私たちの心のなかに残ります。長きにわたってバスを目にかけていただき、ありがとうございました」として、バスを標本にして一般公開すると発表した。

母親のパンダと
赤ちゃんパンダ。

パンダの発情期と妊娠・出産

パンダの発情期は通常3～5月です。そのうちメスが妊娠可能な日数は、わずか1～3日といわれています。発情期には頻繁なマーキング（臭いづけ）、オスの睾丸の肥大化が見られます。また、ふだんはあまり鳴かないのに、馬のいななきか、羊のような鳴き声を上げることがあります。妊娠期間は83～181日で、出産時期は8～9月中旬、出産数は1頭ないし2頭で、それ以上は滅多にありません（ただし、人工繁殖の場合には、双子が生まれることが多い）。

プラス1 パンダの交尾

上野動物園のパンダのオスとメスは、通常、別べつに生活しているが、柵越しに鳴き交わしたり、メスがしっぽを上げるなどの発情行動が見られると、2頭を同じ場所におき、交尾ができるようにする。

発情行動が見られたため、同居中のパンダのようす。

一般に、パンダのメスは、産んだ赤ちゃんの子育てをする。父親は子育てに関わらない。野生の場合、子どもは母親から独立したのち、およそ1年間ぐらいは、母親の行動範囲にいるが、2歳半ごろになると、自分の縄張りをもって、単独で生活する。一方、動物園でも、通常はオスとメスを別べつの場所で飼育する。

2017年1月、37歳の誕生日を祝うケーキをおくられたバス。

写真：ロイター／アフロ

寝転んだまま糞をするパンダ。

🐼 パンダの糞

パンダは消化器官の長さが短く、主食である竹をじゅうぶんに消化することができないため、糞は食べたときとほぼ同じ状態で出てきます。量をたくさん食べるので、糞も大量です。

長径10〜15cm、短径4〜7cmのだ円形。

糞のしかた

　パンダは糞をするときは、しっぽを水平に伸ばして軽くしゃがんでしますが、歩きながら排便することも多くあります。また、寝転んでいるときは、尻を上げただけで、休息場所の周囲に糞を落とすこともあります。パンダの糞は、比較的乾いています。そのため、排泄した糞の上に乗っかっても、からだにくっつくことはありません。

糞からわかること

野生動物はその糞からいろいろなことがわかるといわれています。パンダについては、そこにいた時間や、そこにやってくるまでのコースや年齢もわかるといいます。

- パンダの糞には食べた竹が原型のまま残っていることが多い。そのため、糞にふくまれる竹の種類を確認することによって、そのパンダがどこを移動してきたか推測することができる。

- 糞の数により、その場所にどのくらいいたかがわかる。野生のパンダの場合、1時間に平均3個の糞をするので、ある場所で24個の糞が見つかったとすると、8時間その場所にパンダが滞在していたことが確認できる。

- 歳をとるにしたがって噛みくだくことのできる竹の葉や茎の大きさが変わってくるため、糞にふくまれる竹の葉や茎の大きさで、パンダの年齢を推測することができる。3歳以下のパンダの歯は磨もうが少ないので、糞中の葉の大きさは、平均20〜30mm、葉は完全に砕けている。3歳以上は糞中の葉の大きさはほぼ一定していて35〜37mm、咀嚼力はだんだん弱くなっていくので、葉の形状も砕けきってはいない。老年期になると、臼歯の半分が磨もうするので、茎であれば40mmほどで、形状も圧迫されただけでほぼ原形をとどめ、葉であれば大きくて原形の場合もある。

パンダの糞。食べたえさの種類や量、パンダの年齢などにより、糞のようすはさまざま。

生物 パンダの気性

パンダはあの愛くるしい顔とスローな動きから
のんびりした性格だと思われています。
鳴き声も「メェエ〜」と
羊の鳴き声に似ています(→p43)。
それは、なんとなくかわいらしいのですが、
パンダの気性は、ほんとうはどうなのでしょうか。

どっちが先におりるのかな？

牙があって、爪も鋭い！

たいていの人には、パンダの外見や動作は、なんとも愛らしくうつるものです。ふだんは、おとなしいのもたしかです。しかし、パンダはクマ科の動物で、凶暴な一面があるのは否めません。牙があって、爪も鋭く、4本足と下アゴの筋肉が発達し、敵に危害を加える能力をじゅうぶんもっています。

中国の動物園では、飼育員でも、パンダのおりに入るときは厳重注意をはらっています。また、「パンダは人をおそうことがあります。絶対に柵に入らないでください」と書かれているのがふつうです。実際に1年に数人は、柵に入ったためにパンダにおそわれています。服がズタズタにされたり、命を落としたりした人も現に何人もいます。

力強い動作で筋力トレーニングをおこなうパンダ。

パンダはなまけもの

動物園のパンダは気持ちよさそうに寝てばかり。なんとなく「なまけもの」といったイメージがあります。

また、パンダはほぼ一日じゅう竹を食べています。その動きは、速くはありません。

しかし、一日じゅう竹をむさぼる持久力はものすごいといえます。

まして野生では、険しい山のなかを竹を食べながら歩いて移動します。また、じょうずに木登りをします。とくにおさないパンダは天敵から身を守るために木に登ります。

こうみると、パンダには「なまけもの」という言葉はふさわしくないといえます。

パンダのからだ

パンダが白黒模様であることはだれでも知っています。目のまわり、耳、鼻面、両脚、肩だけが黒く、ほかは白です。意外と誤解されているのがしっぽで、黒だと思っている人が多いようですが、実際には白です。

この全身骨格から、からだの形、毛皮の模様を想像してみるとおもしろい。

からだの模様

　パンダの白黒模様は、まわりの景色に溶けこみやすく、外敵から逃れるためのカモフラージュの役割を果たすという説があります。これは、雪深い高山の森林のなかで暮らしているので、白と黒のからだが墨絵のような雪景色にまぎれてしまい、敵から身を守るのに都合がよいという見方です（保護色）。
　一方、耳や手足の先などが黒いのは、黒は熱吸収がよく寒さ対策に役立っているのではないかといった説もあります。いずれにしてもまだはっきりとしていません。
　なお、毛並みは、見た目から、ふかふかしているように思われますが、実際はかなり剛毛で脂っぽい手触りです。

しっぽは白！

　しっぽの長さは約13～20cmで、ほとんど成長しないため、おとなになると目立ちません。日本では、「たれぱんだ」とよばれるキャラクターのパンダのしっぽが黒いことから、しっぽの色を誤解している人も多いようですが、実際は白です。

プラス1　たれぱんだ

キャラクター商品をてがけるサンエックスが制作した、パンダがモチーフのキャラクター。1995年に登場し、1998～2001年にかけて大流行。絵本や映像作品も作成された。

© 2017 SAN-X CO., LTD. ALL RIGHTS RESERVED.

47

笹やまん丸のパンダ団子もじょうずにもてる。

手・指・肉球

ふつう、ものをつかむことができるのはサルの仲間だけですが、パンダも器用に竹をもって食べることができます。親指から小指まで5本そろった指のほかに、親指の根っこと小指の外側に骨の突起があります。これは「第6の指」（「偽の親指」とも）といわれていて、この突起と5本の指で竹をはさんでもつことができます。

また、パンダの足のうらには、クマやイヌ・ネコなどにも見られる「肉球」があります。ただし、パンダの肉球は、肉球のまわりの毛が長くのびているので、見えなくなっていることもあります。

プラス1 　暑さに弱いパンダ

パンダの一日は、ほとんどがえさを食べている時間で（10時間から16時間）、あとは寝ている。主に活動する時間は朝や夕方。パンダは寒さには強いけど暑さには弱く、快適に過ごせるのは、10～20℃だとみられている。動物園では、エアコンの温度調節がかかせない。これは、中国の動物園でも同じだということが、看板からわかる。

成都大熊猫繁育研究基地

Reminder
Dear Friends,
　As summer arrives, cooling measure are taken to prevent Giant Pandas from sunstroke. Pandas prefer cold to hot, so normally they stay inside for air-conditioning when it's too hot to play outside. In any case, please seek advice from the staff nearby if you can not spot Pandas. In the summer, the Moon Night Nursery House, No.1 and No.2 Panda villa are good locations to visit. Have a nice day!
　　　　　Chengdu Research Base of Giant Panda Breeding

お知らせ
お客様へ：
　ジャイアントパンダは暑さに弱い動物です。基地では、夏が来て気温が上昇しますと、パンダの熱中病対策として、室外運動場からエアコン完備の室内へと移動させ、パンダの健康を保っています。お客様が室外運動場にてパンダをご観賞できない場合は、お近くの基地スタッフにお尋ねになっていただき、月の産室、パンダ第1第2コテージなどの室内獣舎をご観覧くださいますようお願い申し上げます。ご理解、ご協力のほどよろしくお願い申し上げます。
　　　　　　成都ジャイアントパンダ繁殖研究基地

目・耳・鼻・歯

パンダは、鼻がよくきき、耳もとてもいいけれど、目はそれほどいいとはいえません。次は、パンダの視覚、聴覚、嗅覚の特徴です。

● 聴覚：鋭敏でちょっとした物音にも反応することから、聴覚は発達しているといわれている。一説によると、パンダが聞きわけられる声は10種類以上で、そのうち4種類がパートナーを探すときだけに出す声だといわれている。また、メスは、子どもの声を聞きわけているという研究もある。

● 視覚：目のまわりの黒い部分（赤ちゃんのときは丸いがしだいに涙滴型に変わる）が目のように見えるが、実際の目は小さく、つり上がり気味で鋭い目つきに感じる。瞳孔はたて割れ（猫眼）。これは目に入る光の量を調節しやすくするためで、夜行性の動物に多く見られるもの。パンダも猫眼をもつことから、夜行性だという説もあるが、夜に活動して昼間寝ているわけではない。ある研究では、色がわかるといわれている。視力がどの程度かはわかっていないが、それほどよいとは考えられていない。

● 嗅覚：食べ物は、よくにおいを嗅いでから食べる。オスが発情しているメスを見つけだすのも嗅覚によるといわれている。こうしたことから、嗅覚はかなり発達していると考えられている。

パンダの歯

パンダの歯は、かたい竹を切りさきバリバリ食べることから、かなり丈夫であることが見てとれます。実際、クマのようなほかの肉食動物の歯とも似ています。パンダのおとなの臼歯は、人間の7倍ほどで、大きく平らで竹をかみくだいて食べることがわかります。

なお、パンダも、人間と同じように乳歯から永久歯に生えかわります。永久歯の数は、42本です。

PART5 雑学パンダ！

なんでも情報

現在日本にいるパンダのレンタル料は1年間約1億円（→p27）ですが、そのパンダもいつかは亡くなります。お葬式などはどうするのでしょうか。そのほか、動物園にはどんな経費がかかっているのでしょうか。

いろいろな経費

パート2の経済の項目でも見ましたが、パンダを日本の動物園で飼育するのには、相当な経費がかかります。次はその具体的な金額です。

●**竹**：上野動物園では、パンダが一日に食べる竹の費用は、約2万5000円だといわれている。それは、竹そのものの値段というより、調達にかかる人件費だという。

●**輸送費**：これまで、上野動物園のすべてのパンダを運んできたのは、阪急阪神エクスプレスという会社だ。この仕事は、1950年ごろに、日本にきていたアメリカ軍の兵士の家族のペットを輸送したことにはじまったという（当時は阪急交通社）。これまで、イギリスやオーストラリアからゴリラや、タイからゾウを輸送した。中国から絶滅危惧種の「トキ」などの貴重な動物も輸送している。残念ながら、費用については非公開。一説では、上野動物園職員と中国の飼育員が同乗する徹底ぶりで、旅客機による輸送費が約5000万円。輸送中は機内の温度が10〜18℃に保たれていたという。

阪急交通社の輸送により2003年にやってきたシュアンシュアン（→p22）。

パンダの死後

上野動物園内では、亡くなったパンダは、たいていは剥製にして保存されます。

はじめて日本にやってきた、ランラン、カンカンの剥製は、東京都日野市の多摩動物公園におかれています。また、フェイフェイ、トントン、ホァンホァンの剥製は国立科学博物館にあります。また、生まれて間もなく亡くなったチュチュ（→p14）は、ホルマリン漬けの標本とされています。

なお、パンダの剥製は、全国各地の旅館などでも見られます。これらは、ワシントン条約が適用される前に中国から輸入されたものだといいます。

生きている化石

「生きている化石」は「進化論」をとなえたチャールズ・ダーウィンが『種の起源』のなかでつかった言葉として知られています。一般に、現代生息している、化石と同じ姿をした生物のことをいいます。人類の祖先とされる猿人が登場したのは、今からおよそ400万年前ですが、それよりはるか昔の800万年前にはパンダの祖先が地球上で暮らしていました。その化石が見つかっていて、現代のパンダとよく似ていることから、パンダもそうよばれることがあります。

生きている化石とよばれる生物のひとつシーラカンス。

ヨーロッパでパンダの化石発見？

パンダの祖先の化石がスペインで発見されたというニュースが、2012年12月に世界じゅうで話題となりました。中国を象徴するパンダが、もともとヨーロッパで暮らしていたかもしれないと大さわぎ。これは、スペインのマドリードにある国立自然科学博物館の古生物学の研究チームが、現在のスペインで見つかった生物の歯の化石を分析した結果、1100万年前に生息したクマ科で、パンダに似ている生物のものだと発表したことによります。結局、その後、パンダがヨーロッパにいたことを裏づける決定的な発見にいたっていませんが、パンダ外交（→p24）や、パンダのレンタル（→p26）など、なにかとパンダを利用してきている中国にとっては、由々しきこととされています。そのためか、中国国内には、この報道が伝わっていません。

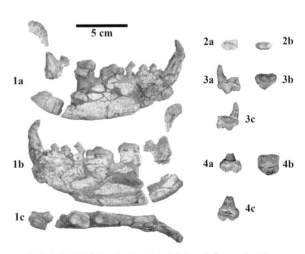

Abella J, Alba DM, Robles JM, Valenciano A, Rotgers C, Carmona R, et al. (2012) Kretzoiarctos gen. nov., the Oldest Member of the Giant Panda Clade. PLoS ONE 7(11): e48985. https://doi.org/10.1371/journal.pone.0048985

スペイン北東部で発見された、パンダの祖先の右下あご（写真左）と歯（写真右）の化石（数字が同じ化石は、それぞれひとつの化石を別のアングルから撮影したもの）。

パンダの里親制度とパンダの名前

この本の最後は、パンダの里親制度についてです。この里親制度はパンダを救うために設立されたもの。里親会費や寄付金などが、臥龍中国パンダ保護研究センターに渡され、パンダの保護活動につかわれるといいます。

里親制度の内容

この制度の内容は、臥龍中国パンダ保護研究センターが、パンダの保護活動に協力したいと考える人から寄付を募るというもの。日本では、日本パンダ保護協会などが窓口になっています。寄付の見返りとして、パンダクラブゴールドカードと里親証明書がもらえます。寄付金が50万元（約850万円）以上になると、当センターは寄付記念碑を建設したり、パンダ園内の参観ができて、パンダと記念撮影ができたりします。パンダに名前をつけることができるという特権もあります。

■寄付のつかい道
・パンダの飼養費、管理費、医療品
・パンダの科学研究費用
・パンダに関する資料や広報等の費用　など

日本パンダ保護協会のホームページでは、里子パンダの成長を公開している。
出典：日本パンダ保護協会ホームページ（2017年9月時点）

パンダの赤ちゃんにミルクをあたえる臥龍中国パンダ保護研究センターの職員。センターでは、生物学、獣医学、栄養学、繁殖学などさまざまな分野の専門家がチームをつくり、パンダの研究・保護活動に力をつくしている。

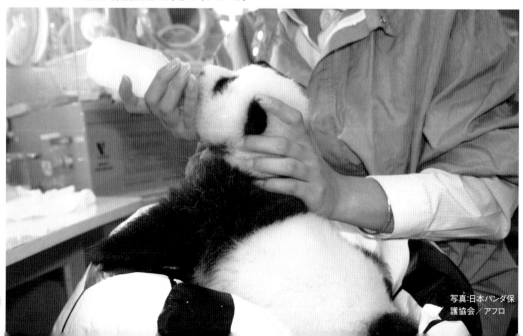

写真：日本パンダ保護協会／アフロ

名前の公募

　日本国内でパンダの赤ちゃんが生まれると、名前が公募されることがあります。2017年6月12日に上野動物園で生まれた赤ちゃんの名前は、同園を管轄する東京都が公募。過去最多となる32万2581件の応募のなかから9月25日に「シャンシャン（香香）」と決定しました。

　もとより、パンダの名前はひとつの単語を2回繰りかえすものが多くなっています。これは、中国では、親しみの表現だといわれています。日本の「～ちゃん」という感じです。

　日本パンダ保護協会の里親制度によってつけられたパンダの名前には、次があります。

●里親制度でつけられたパンダの名前の例
（2002～2007年）

リンリン 鈴鈴	フォンフォン 豊豊	メーホン 美虹	レーリ 楽力	ジャジャ 嘉嘉
ツァイツァイ 菜菜	インイン 音音	ワンズ 王子	シンレー 欣楽	フォンフォン 縫縫
リーリ 麗利	フンフン 峰峰	タイタイ 泰泰	ユウタ	ズンズン 仁仁
ササ 沙紗	スォースォー 寿寿	チンチン 慶慶	パイシャン 百香	カンディー 康蒂
ザオオォ 照照	ショウマーマー 小麻麻	スースー 舒舒	フーリン 富琳	
ランラン 朗朗	ナナ 奈奈	ツァオリン 草鈴	シャオヤン 小洋	
ズーズ 治治	ハオロン 浩龍	シァオミン 小鳴	イェイウェ 悦悦	

※このほか、日本パンダ保護協会・名誉会長の黒柳徹子さん（→p13）は2002年に「小豆豆」、2008年に「豆豆」という名前を里子のパンダにつけている。

出典：日本パンダ保護協会

　小池百合子東京都知事は2017年9月25日午後、記者会見を開き、上野動物園の赤ちゃんパンダの名前を発表。「（シャンシャンという名前は）よびやすく、花が開くような明るいイメージ」とコメントした。バックの画面にうつるのは、生後100日目（9月20日）のシャンシャン。

写真提供：共同通信社／ユニフォトプレス

さくいん

あ

愛浜（あいひん） ……………………………………… 22
アジア太平洋経済協力（APEC）首脳会議（たいへいようけいざいきょうりょく エイペック しゅのうかいぎ） …… 31
アドベンチャーワールド …… 3、17、18、21、
　　　　　　　　　　　　　22、38、39、41
阿部展子（あべのぶこ） …………………………………… 19
アメリカ …………… 8、13、24、31、35、42
アルマン・ダヴィド …………………………… 8
イギリス …………………… 13、24、35、50
一帯一路（いったいいちろ） …………………………… 30、31
ウィリアム・ハークネス …………………… 8
上野動物園（うえのどうぶつえん） …… 2、3、12、13、14、15、19、
　　　　　　　20、21、22、27、28、29、
　　　　　　　41、50、51、53
永浜（えいひん） ……………………………………… 22
永明（えいめい） ………………………… 17、18、21、22
えさ ………………………………… 39、40、48
王子動物園（おうじどうぶつえん） ……………… 3、15、16、22、41
桜浜（おうひん） ……………………………………… 22
オーストラリア ………………………………… 50

か

カール・フォン・リンネ ……………………… 7
海浜（かいひん） ……………………………………… 22
臥龍自然保護区（がりゅうしぜんほごく） ……………………………… 34
臥龍中国パンダ保護研究センター（がりゅうちゅうごく ほごけんきゅう） …… 52
カンカン（康康） …… 2、3、12、13、14、22、
　　　　　　　28、29、41、51
甘粛省（かんしゅくしょう） …………………………… 32、37、40
偽妊娠（ぎにんしん） ……………………………………… 20
クマ科（か） ………………………… 7、40、46、51
黒柳徹子（くろやなぎてつこ） …………………………………… 13
ケイケイ（慶慶） …………………………… 17、22
小池百合子（こいけゆりこ） …………………………………… 20
コウコウ（興興） …………………………… 16、22
コウコウ（興興）2代目（だいめ） …………………… 16、22
交尾（こうび） ……………………………… 18、20、43
幸浜（こうひん） ……………………………………… 22

（右段）

公募（こうぼ） …………………………… 16、28、53
功労動物（こうろうどうぶつ） ……………………………………… 21
国際自然保護連合（IUCN）（こくさいしぜんほごれんごう アイユーシーエヌ） ………… 36

さ

サイサイ（寨寨） ……………………………… 15
雑食（雑食動物）（ざっしょく ざっしょくどうぶつ） …………………… 7、24、40
里親制度（さとおやせいど） ……………………………… 52、53
死産（しざん） ……………………………………… 16
四川大地震（しせんおおじしん） ……………………………… 34
自然交配（しぜんこうはい） …………………………… 20、21
四川省（しせんしょう） …… 7、19、32、34、37、40、42
自然妊娠（しぜんにんしん） ……………………………………… 14
『自然の体系』（しぜん たいけい） …………………………………… 7
自然繁殖（しぜんはんしょく） ……………………………………… 17
自然保護区（しぜんほごく） ……………………………… 34、37
しっぽ ………………………………… 43、44、47
ジャイアントパンダ …………………… 6、7
小熊猫（シャオションマオ） ………………………………………… 6
シャンシャン（香香） …… 28、29、31、53
シュアンシュアン ………………………… 22
周恩来（しゅうおんらい） ……………………………………… 24
習近平（しゅうきんぺい） …………………………… 30、31
秋浜（しゅうひん） ……………………………………… 22
ジョージ・B・シャラー（ビー） …………………… 35
白黒模様（しろくろもよう） …………………… 8、42、47
人工飼育（じんこうしいく） ……………………… 32、33、34
人工授精（じんこうじゅせい） …… 11、14、16、18、21
人工繁殖（じんこうはんしょく） ……………………………… 33、43
シンシン（辰辰） …………………………… 17、22
シンシン（真真） …… 3、12、19、20、21、22、
　　　　　　　27、29、31
親善大使（しんぜんたいし） …………………… 24、25、27
秦嶺山脈（しんれいさんみゃく） …………………………… 7、9、33
成都（せいと） ……………………… 32、33、34
成都大熊猫繁育研究基地（せいとターションマオはんいくけんきゅうきち） …… 17、21、32、33、38
絶滅（ぜつめつ） …………… 6、8、10、11、36
尖閣諸島（せんかくしょとう） ……………………………… 28、31
陝西省（せんせいしょう） ……………………… 7、9、32、37

た

大熊猫（ターシャンマオ） ……6
第二次世界大戦（だいにじせかいたいせん） ……10、24
竹の回廊（たけのかいろう） ……33
田中角栄（たなかかくえい） ……24
ＷＷＦ（世界自然保護基金）（ダブリューダブリューエフ せかいしぜんほごききん） ……35
多摩動物公園（たまどうぶつこうえん） ……51
たれぱんだ ……47
タンタン（旦旦） ……16、22
地球温暖化（ちきゅうおんだんか） ……37
チュチュ（初初） ……14、22、51
天津市（てんしんし） ……15
東京都（とうきょうと） ……20、27、28、29、53
桃浜（とうひん） ……22
冬眠（とうみん） ……4、40
特急「くろしお」号（とっきゅう ごう） ……18
トントン（童童） ……14、22、28、51

な

ニクソン大統領（だいとうりょう） ……31
日中国交正常化（にっちゅうこっこうせいじょうか） ……2、14、24、25、29、31
日本動物愛護協会（にほんどうぶつあいごきょうかい） ……21
日本パンダ保護協会（にほんぱんだほごきょうかい） ……13、52、53
妊娠中毒症（にんしんちゅうどくしょう） ……13

は

バス（巴斯） ……42
発情（発情行動）（はつじょう はつじょうこうどう） ……43、49
阪急阪神エクスプレス（はんきゅうはんしん） ……50
阪神淡路大震災（はんしんあわじだいしんさい） ……16
パンダ外交（がいこう） ……24、51
パンダビジネス ……27
パンダブーム ……2、28、29
パンダ保護区（ほごく） ……34
パンダ列車（れっしゃ） ……18
パンダレンタル（レンタル） ……25、26、27、28、29、30、31、51
ピーター・スコット卿（きょう） ……35
ピンポン外交（がいこう） ……31
フェイフェイ（飛飛） ……14、22、51
福建省（ふっけんしょう） ……42

フランス ……8、24
糞（ふん） ……35、39、44、45
北京（ペキン） ……24、25、42
北京動物園（ペキンどうぶつえん） ……10、11、22
ホァンホァン（歓歓） ……14、22、51
ポートピア'81 ……15
保護色（ほごしょく） ……47
本当のパンダ外交（ほんとう がいこう） ……24、28、29

ま

明浜（めいひん） ……22
梅浜（めいひん） ……22
梅梅（めいめい） ……18、21、22
メキシコ ……22

や

野生化訓練（やせいかくんれん） ……33
野生動物（やせいどうぶつ） ……3、35、45
結浜（ゆいひん） ……21、22
友好都市提携（ゆうこうとしていけい） ……15
雄浜（ゆうひん） ……22
優浜（ゆうひん） ……22
ユウユウ（悠悠） ……14、22、28
陽浜（ようひん） ……22
蓉浜（ようひん） ……17、22

ら

良浜（らうひん） ……18、22
ランラン（蘭蘭） ……2、3、12、13、14、22、28、29、41、51
リーリー（力力） ……3、12、19、20、22、27、29、31
隆浜（りゅうひん） ……22
「リンネの分類の階層」（ぶんるい かいそう） ……7
リンリン（陵陵） ……12、22
レッサーパンダ ……6
レッドリスト ……36
レンタル料（りょう） ……27、29、30、50
ロシア ……24
ロンロン（蓉蓉） ……15

わ

ワシントン条約（じょうやく） ……11、25、26、51

■後記

野生のパンダの数は、ここのところ少し増えてきています。世界じゅうの人びとがパンダの保護に理解を示しているからです。わたしはこの本に、動物園で絶大な人気をほこるパンダについて、また、その保護の背景にあるさまざまな事情について記しました。お気付きの方もいらっしゃると思いますが、ジャーナリスティックな視点での記述を試みました。「ジャーナリスティック」とは、「現代社会の新しい問題・事件に敏感なさま」のことです。パンダをテーマにしたこの本でそれができたかどうかは、みなさんのご判断に委ねますが、よくあるパンダの基礎知識の本にはしたくありませんでした。それでも、この本は、上野動物園の元園長小宮輝之さんのご指導なくしては、なりたちませんでした。この場を借りて御礼申し上げます。

なお、小宮さんは原稿の最終のご指導くださる際、わたしたちに非常に興味深い話を教えてくださいました。中国には唐（618～907年）の女帝・則天武后が7世紀ごろに、日本の天武天皇（奈良時代）にパンダをおくったという記録が残っていて、『日本書紀』のなかにも「献生羆二、羆皮七十枚（生きている羆2頭と羆の毛皮70枚を献上）」とあるとのこと。まだまだ興味がつきませんが、この本は、上野動物園の赤ちゃんの名前が「シャンシャン（香香）」と決まった日に脱稿することにします。

子どもジャーナリスト
Journalist for children　稲葉茂勝

● **監修／小宮 輝之（こみや てるゆき）**
1947年東京都生まれ。1972年に多摩動物公園の飼育係になり、日本産動物や家畜を担当。多摩動物公園、上野動物園の飼育課長を経て、2004年から2011年まで上野動物園園長を務める。主な著書に『くらべてわかる哺乳類』（山と渓谷社）、『ほんとのおおきさ・てがたあしがた図鑑』（学研）、『Zooっとたのしー！ 動物園』（文一総合出版）など、監修に『クイズでさがそう！ 生きものたちのわすれもの（全3巻）』（佼成出版社）など多数。長年、趣味として動物の足型の拓本「足拓（あしたく）」を収集している。

● **著／稲葉 茂勝（いなば しげかつ）**
1953年東京都生まれ。大阪外国語大学、東京外国語大学卒業。子ども向けの書籍のプロデューサーとして多数の作品を発表。自らの著作は、『世界の言葉で「ありがとう」ってどう言うの？』（今人舎）など。国際理解関係を中心に著書・翻訳書の数は80冊以上にのぼる。2016年9月より「子どもジャーナリスト」として、執筆活動を強化しはじめた。

● **編集・デザイン／こどもくらぶ**
（デザイン担当：長江知子・編集担当：関原瞳）
「こどもくらぶ」は、あそび・教育・福祉の分野で、子どもに関する書籍を企画・編集しているエヌ・アンド・エス企画編集室の愛称。これまでの作品は1000タイトルを超す。

● **制作／（株）エヌ・アンド・エス企画**

● **写真協力**
表紙写真：Imaginechina/アフロ、裏表紙写真：株式会社アワーズ（アドベンチャーワールド）
小宮輝之
株式会社アワーズ（アドベンチャーワールド）、神戸市立王子動物園、西日本旅客鉄道株式会社、ボク旅、キミ旅。世界一周
k_river / PIXTA（ピクスタ）
© Dizzizzmee、© Guido Amrein、© Tao Wang、© Tulipmix、© Yourlettertome、© Zhaowenyu ¦ Dreamstime
© macnai、© Yusei - Fotolia.com

この本の情報は、2017年9月までに調べたものです。今後変更になる可能性がありますのでご了承ください。

教科で学ぶパンダ学　歴史 地理 政治 経済 生物 自然 環境 雑学　NDC489

2017年10月17日　第1刷
2023年 9月11日　第3刷

著　／稲葉茂勝
発行者／中嶋舞子
発行所／株式会社 今人舎
　　　〒186-0001　東京都国立市北1-7-23　TEL 042-575-8888 FAX 042-575-8886
　　　E-mail nands@imajinsha.co.jp　URL http://www.imajinsha.co.jp
印刷・製本／瞬報社写真印刷株式会社

©2017 Shigekatsu Inaba　ISBN978-4-905530-70-1　Printed in Japan　　　56p 26cm

定価はカバーに表示してあります。落丁本、乱丁本はお取り替えいたします。

折り紙DE パンダ

つかう紙
おもてが黒 うらが白の紙　2まい

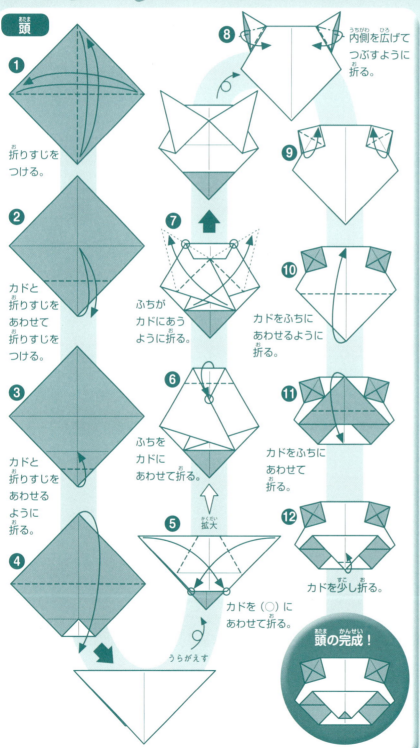

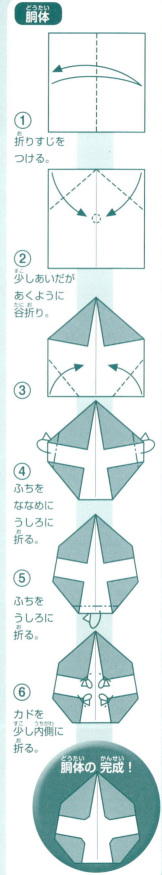